MOS
國際認證應考指南
Microsoft PowerPoint Associate
(PowerPoint and PowerPoint 2019)
Exam MO-300

MO-300：Microsoft PowerPoint Associate (PowerPoint and PowerPoint 2019)

MOS 國際認證應考指南--Microsoft PowerPoint Associate(PowerPoint and PowerPoint 2019) | Exam MO-300

作　　者：劉文瑓
企劃編輯：郭季柔
文字編輯：江雅鈴
設計裝幀：張寶莉
發 行 人：廖文良

發 行 所：碁峰資訊股份有限公司
地　　址：台北市南港區三重路 66 號 7 樓之 6
電　　話：(02)2788-2408
傳　　真：(02)8192-4433
網　　站：www.gotop.com.tw
書　　號：AER057100
版　　次：2022 年 09 月初版
建議售價：NT$450

國家圖書館出版品預行編目資料

MOS 國際認證應考指南：Microsoft PowerPoint Associate (PowerPoint and PowerPoint 2019)：Exam MO-300 / 劉文瑓著. -- 初版. -- 臺北市：碁峰資訊, 2022.09
　　面；　公分
　　ISBN 978-626-324-044-5(平裝)
　　1.CST：PowerPoint 2019(電腦程式)　2.CST：考試認證
312.49P65　　　　　　　　　　　　　　　　110020437

序

教書十多來年，常常會有學生提問：如何才能把 Office 的技能學習得更專業、更深入？除了上課進修及閱讀書籍，有沒有其他更有趣的學習方式？

我常給的答案就是報考 Office 的專業認證，微軟公司的 Microsoft Office Specialist 簡稱 MOS 是屬於國際級的認證考試，透過準備考試的過程，去理解考題的意思，在解題的過程中能學習到非常多的軟體應用技巧，有些特殊的小技巧甚至是課堂及書籍未曾提到過的，邊解題邊學習能增加學習上的趣味性，在完成學習後再考取證照，也是實力及努力的一個證明。

MOS 認證考試會隨著 Office 版本的更新，每一個 Office 版本都會推出新版本的專業考科，不會使用重複的題目一成不變，在每一個新的考試版本，都會考出跟新版本新增功能的相關題目，所以想知道 Office 每一個軟體在新版本的新增功能，並快速獲得該功能的使用技巧，考取 MOS 認證絕對是一個極佳的選擇。

製作簡報是從學生到上班族、各行各業及各個職場領域的工作者都會需要用到的輔助工具，但因為多數學生沒有受過專業的簡報訓練，一直到出社會上班時，都會使用辛苦及繁複的方式，花費大量時間及精力來製作簡報。

然而事實上，製作簡報應該將時間分成 3 等份，先擬定好報告對象、理解對方需求、訂定大綱，再專注蒐集資料撰寫內容，最後再將文字檔快速匯入簡報及美觀設計即可完成。

有正確的製作流程觀念，理解文字檔如何設定即可快速匯入簡報、在簡報中如何套用佈景主題、透過投影片母片進行全檔的快速編修、熟悉章節功能來分類整理投影片，在 MOS 2019 的 PowerPoint 測驗還新增了繪圖工具的使用、投影片縮放、摘要縮放、節縮放都是 PowerPoint 最新且必學的超好用工具！加上新的 3D 模型工具、3D 動畫，無論是新手想入門學習 PowerPoint 功能，或是有實力的使用者想新增新工具的知識，MOS 認證考試都是最好的選擇。

藉由此書能讓想學習者及想考取證照者快速上手 PowerPoint 2019，讓讀者在準備的過程中趣味學習，透過本書中設計的模擬試題，反覆練習後必能高分通過測驗，除了知識上的提升之外，也能取得證書做為面試及升職的一大利器。

劉文琇 2022/09 台北

01

Microsoft Office Specialist 國際認證簡介

02

細說 MOS 測驗操作介面

03

模擬試題 I

04

模擬試題 II

05

模擬試題 III

Microsoft Office Specialist
國際認證簡介

Microsoft Office 系列應用程式是全球最為普級的商務應用軟體，不論是 Word、Excel 還是 PowerPoint 都是家喻戶曉的軟體工具，也幾乎是學校、職場必備的軟體操作技能。即便坊間關於 Office 軟體認證種類繁多，但是，Microsoft Office Specialist (MOS) 認證才是 Microsoft 原廠唯一且向國人推薦的 Office 國際專業認證。取得 MOS 認證除了表示具備 Office 應用程式因應工作所需的能力外，也具有重要的區隔性，可以證明個人對於 Microsoft Office 具有充分的專業知識以及實踐能力。

關於 Microsoft Office Specialist (MOS) 認證

Microsoft Office Specialist(微軟 Office 應用程式專家認證考試)，簡稱 MOS，是 Microsoft 公司原廠唯一的 Office 應用程式專業認證，是全球認可的電腦商業應用程式技能標準。透過此認證可以證明電腦使用者的電腦專業能力，並於工作環境中受到肯定。即使是國際性的專業認證、英文證書，但是在試題上可以自由選擇語系，因此，在國內的 MOS 認證考試亦提供有正體中文化試題，只要通過 Microsoft 的認證考試，即頒發全球通用的國際性證書，取電腦專業能力的認證，以證明您個人在 Microsoft Office 應用程式領域具備充分且專業的知識與能力。

取得 Microsoft Office 國際性專業能力認證，除了肯定您在使用 Microsoft Office 各項應用軟體的專業能力外，亦可提昇您個人的競爭力、生產力與工作效率。在工作職場上更能獲得更多的工作機會、更好的升遷契機、更高的信任度與工作滿意度。

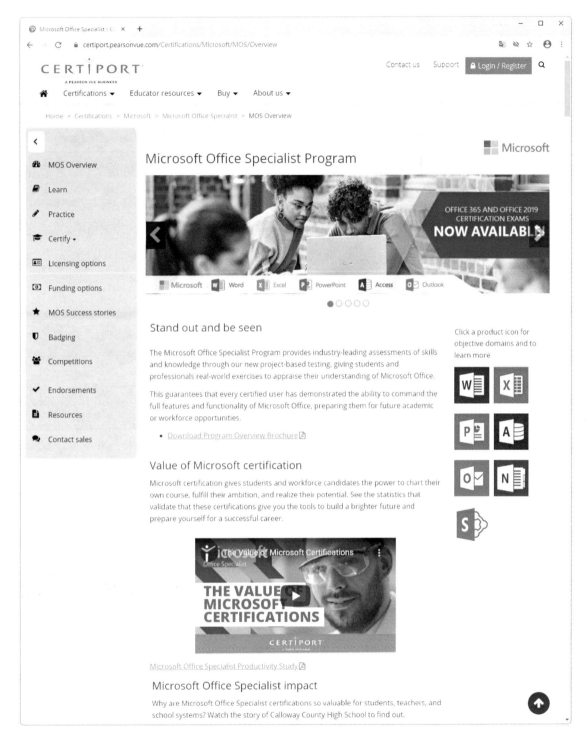

Certiport 是為全球最大考證中心，也是 Microsoft 唯一認可的國際專業認證
單位，參加 MOS 的認證考試必須先到網站進行註冊。

1-2 MOS 最新認證計劃

MOS 是透過以專案為基礎的全新測驗，提供了在各行業、各領域中所需的 Office 技能和知識評估。在測驗中包括了多個小型專案與任務，而這些任務都模擬了職場上或工作領域中 Office 應用程式的實務應用。經由這些考試評量，讓學生和職場的專業人士們，以情境式的解決問題進行測試，藉此驗證考生們對 Microsoft Office 應用程式的功能理解與運用技能。通過考試也證明了考生具備了相當程度的操作能力，並在現今的學術和專業環境中為考生提供了更多的競爭優勢。

眾所周知 Microsoft Office 家族系列的應用程式眾多，最廣為人知且普遍應用於各職場環境領域的軟體，不外乎是 Word、Excel、Power Point、Outlook 及 Access 等應用程式。而這些應用程式也正是 MOS 認證考試的科目。但基於軟體應用層面與功能複雜度，而區分為 Associate 以及 Expert 兩種程度的認證等級。

Associate 等級的認證考科

Associate 如同昔日 MOS 測驗的 Core 等級，評量的是應用程式的核心使用技能，可以協助主管、長官所交辦的文件處理能力、簡報製作能力、試算圖表能力，以及訊息溝通能力。

W Word Associate	Exam MO-100 將想法轉化為專業文件檔案
X Excel Associate	Exam MO-200 透過功能強大的分析工具揭示趨勢並獲得見解
P PowerPoint Associate	Exam MO-300 強化與觀眾溝通和交流的能力
O Outlook Associate	Exam MO-400 使用電子郵件和日曆工具促進溝通與聯繫的流程

只要考生通過每一科考試測驗，便可以取得該考科認證的證書。例如：通過 Word Associate 考科，便可以取得 Word Associate 認證；若是通過 Excel Associate 考科，便可以取得 Excel Associate 認證；通過 Power Point Associate 考科，就可以取得 Power Point Associate 認證；通過 Outlook Associate 考科，就可以取得 Outlook Associate 認證。這些單一科目的認證，可以證明考生在該應用程式領域裡的實務應用能力。

若是考生獲得上述四項 Associate 等級中的任何三項考試科目認證，便可以成為 Microsoft Office Specialist- 助理資格，並自動取得 Microsoft Office Specialist - Associate 認證的證書。

Expert 等級的認證考科

此外，在更進階且專業，難度也較高的評量上，Word 應用程式與 Excel 應用程式，都有相對的 Expert 等級考科，例如 Word Expert 與 Excel Expert。如果通過 Word Expert 考科可以取得 Word Expert 證照；若是通過 Excel Expert 考科可以取得 Excel Expert 證照。而隸屬於資料庫系統應用程式的 Microsoft Access 也是屬於 Expert 等級的難度，因此，若是通過 Access Expert 考科亦可以取得 Access Expert 證照。

W⃞ Word **Expert**	Exam MO-101 培養您的 Word 技能，並更深入文件製作與協同作業的功能
X⃞ Excel **Expert**	Exam MO-201 透過 Excel 全功能的實務應用來擴展 Excel 的應用能力
A⃞ Access **Expert**	Exam MO-500 追蹤和報告資產與資訊

Word Expert 證書

Excel Expert 證書

Access Expert 證書

若是考生獲得上述三項 **Expert** 等級中的任何兩項考試科目認證,便可以成為 Microsoft Office Specialist- 專家資格,並自動取得 Microsoft Office Specialist - **Expert** 認證的證書。

Microsoft Office Specialist - Expert 證書

1-3 證照考試流程

1. 考前準備：

參考認證檢定參考書籍，考前衝刺～

2. 註冊：

首次參加考試，必須登入 Certiport 網站 (http://www.certiport.com) 進行
註冊。註冊前請先準備好英文姓名資訊，應與護照上的中英文姓名相符，
若尚未有擁有護照或不知英文姓名拼字，可登入外交部網站查詢。註冊姓
名則為證書顯示姓名，請先確認證書是否需同時顯示中、英文再行註冊。

3. 選擇考試中心付費參加考試。

4. 即測即評，可立即知悉分數與是否通過。

認證考試登入程序與畫面說明

MOS 認證考試使用的是 Compass 系統，考生必須先到 Certiport 網站申請帳號，在進入此 Compass 系統後便是透過 Certiport 帳號登入進行考試：

進入首頁後點按右上方的〔啟動測驗〕按鈕。

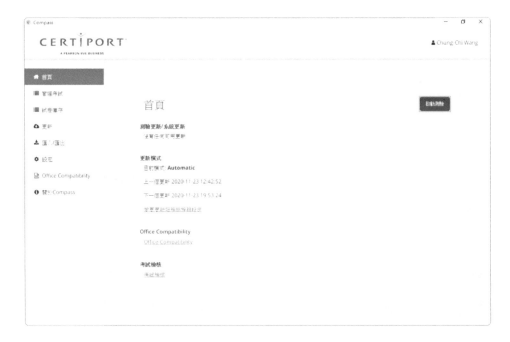

在歡迎參加測驗的頁面中,將詢問您今天是否有攜帶測驗組別 ID(Exam Group ID),若有可將原本位於〔否〕的拉桿拖曳至〔是〕,然後,在輸入考試群組的文字方塊裡,輸入您所參與的考試群組編號,再點按右下角的〔下一步〕按鈕。

進入考試的頁面後,點選您所要參與的測驗科目。例如:Microsoft Excel(Excel and Excel 2019)。

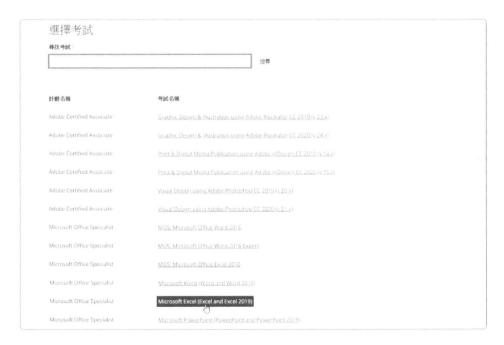

進入保密協議畫面，閱讀後在保密合約頁面點選下方的〔是，我接受〕選項，然後點按右下角的〔下一步〕按鈕。

由考場人員協助，在確認考生與考試資訊後，請監考老師輸入監評人員密碼及帳號，然後點按右下角的〔解除鎖定考試〕按鈕。

系統便開始自動進行軟硬體檢查及試設定，稍候一會通過檢查並完全無誤後
點按右下角的〔下一步〕按鈕即可開始考試。

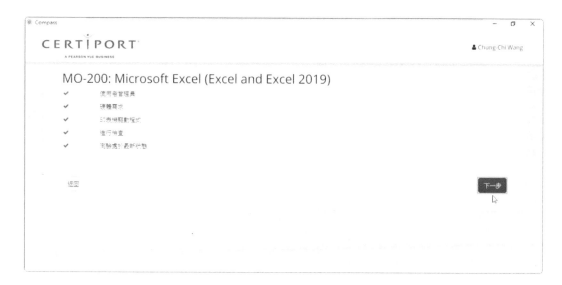

考試介面說明

考試前會有認證測驗的教學課程說明畫面，詳細介紹了考試的介面與操作提示，在檢視這個頁面訊息時，還沒開始進行考試，所以也尚未開始計時，看完後點按右下角的〔下一頁〕按鈕。

逐一看完認證測驗提示後，點按右下角的〔開始考試〕按鈕，即可開始測驗，50 分鐘的考試時間便在此開始計時，正式開始考試囉！

以 MO-200：Excel Associate 科目為例，進入考試後的畫面如下：

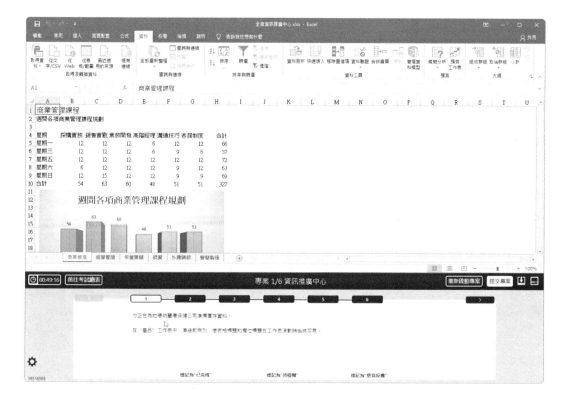

MOS 認證考試的測驗提示

每一個考試科目都是以專案為單位，情境式的敘述方式描述考生必須完成的每一項任務。以 Excel Associate 考試科目為例，總共有 6 個專案，每一個專案有 5~6 個任務必須完成，所以，在 50 分鐘的考試時間裡，要完成約莫 35 個任務。同一個專案裡的各項任務便是隸屬於相同情節與意境的實務情境，因此，您可以將一個專案視為一個考試大題，而該專案裡的每一個任務就像是考試大題的每一小題。大多數的任務描述都頗為簡潔也並不冗長，但要注意以下幾點：

1. 接受所有預設設定，除非任務敘述中另有指定要求。

2. 此次測驗會根據您對資料檔案和應用程式所做的最終變更來計算分數。您可以使用任何有效的方法來完成指定的任務。

3. 如果工作指示您輸入「特定文字」，按一下文字即可將其複製至剪貼簿。接著可以貼到檔案或應用程式，考生並不一定非得親自鍵入特定文字。

4. 如果執行任務時在對話方塊中進行變更，完成該對話方塊的操作後必須確實關閉對話方塊，才能有效儲存所進行的變更設定。因此，請記得在提交專案之前，關閉任何開啟的對話方塊。

5. 在測驗期間，檔案會以密碼保護。下列命令已經停用，且不需使用即可完成測驗：

   * 說明
   * 開啟
   * 共用
   * 以密碼加密
   * 新增

如果要變更測驗面板和檔案區域的高度，請拖曳檔案與測驗面板之間的分隔列。

前往另一個工作或專案時，測驗會儲存檔案。

細說 MOS 測驗
操作介面

全新設計的 **Microsoft 365** 暨 **Office 2019** 版本的
MOS 認證考試其操作介面更加友善、明確且便利。其
中多項貼心的工具設計，諸如複製輸入文字、縮放題目
顯示、考試總表的試題導覽，以及視窗面板的折疊展開
和恢復配置，都讓考生的考試過程更加流暢、便利。

2-1　測驗介面操控導覽

考試是以專案情境的方式進行實作，在考試視窗的底部即呈現專案題目的各項要求任務 (工作)，以及操控按鈕：

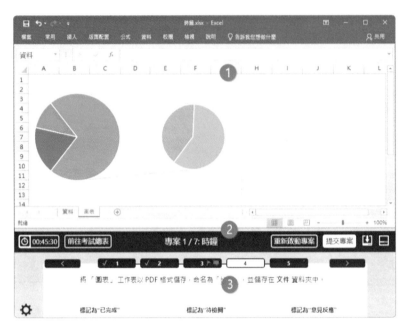

① 視窗上方：
試題檔案畫面

② 中間分隔列：
考試過程中的導覽工具

③ 視窗下方：
測驗題目面板

● **視窗上方：試題檔案畫面**

即測驗科目的應用程式視窗，切換至不同的專案會自動開啟並載入該專案的資料檔案。

● **中間分隔列：考試過程中的導覽工具**

在此顯示考試的剩餘時間 (倒數計時) 外，也提供了前往考試題目總表、專案名稱、重啟目前專案、提交專案、折疊與展開視窗面板以及恢復視窗配置等工具按鈕。

○ 碼表按鈕與倒數計時的時間顯示

顯示剩餘的測驗時間。若要隱藏或顯示計時器，可點按左側的碼表按鈕。

前往考試總表按鈕

儲存變更並移至〔考試總表〕頁面，除了顯示所有的專案任務 (測驗題目) 外，也可以顯示哪些任務被標示了已完成、待檢閱或者待提供意見反應等標記。

重新啟動專案按鈕

關閉並重新開啟目前的專案而不儲存變更。

提交專案按鈕

儲存變更並移至下一個專案。

折疊與展開按鈕

可以將測驗面板最小化，以提供更多空間給專案檔。如果要顯示工作或在工作之間移動，必須展開測驗面板。

恢復視窗配置按鈕

可以將考試檔案和測驗面板還原為預設設定。

視窗下方：測驗題目面板

在此顯示著專案裡的各項任務工作，也就是每一個小題的題目。其中，專案的第一項任務，首段文字即為此專案的簡短情境說明，緊接著就是第一項任務的題目。而白色方塊為目前正在處理的專案任務、藍色方塊為專案裡的其他任務。左下角則提供有齒輪狀的工具按鈕，可以顯示計算機工具以及測驗題目面板的文字縮放顯示比例工具。在底部也提供有〔標記為 " 已完成 "〕、〔標記為 " 待檢閱 "〕、〔標記為 " 意見反應 "〕等三個按鈕。

測驗過程中，針對每一小題 (每一項任務)，都可以設定標記符號以提示自己針對該題目的作答狀態。總共有三種標記符號可以運用：

已完成：由於題目眾多，已經完成的任務可以標記為「已完成」，以免事後在檢視整個考試專案與任務時，忘了該題目到底是否已經做過。這時候該題目的任務編號上會有一個綠色核取勾選符號。

● **待檢閱**：若有些題目想要稍後再做，可以標記為「待檢閱」，這時候題目的任務編號上會有金黃色的旗幟符號。

● **意見反應**：若您對有些題目覺得有意見要提供，也可以先標記意見反映，這時候題目的任務編號上會有淺藍色的圖說符號，您可以輸入你的意見。

只要前往新的工作或專案時，測驗系統會儲存您的變更，若是完成專案裡的工作，則請提交該專案並開始進行下一個專案的作答。而提交最後一個專案後，就可以開啟〔考試總表〕，除了顯示考試總結的題目清單外，也會顯示各個專案裡的哪些題目已經被您標示為 " 已完成 "，或者標示為 " 待檢閱 " 或準備提供 " 意見反應 " 的任務（工作）清單：

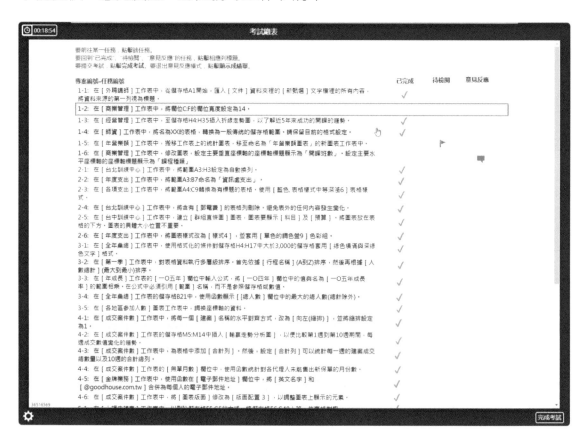

透過〔考試總表〕畫面可以繼續回到專案工作並進行變更，也可以結束考試、留下關於測驗項目的意見反應、顯示考試成績。

2-2 細說答題過程的介面操控

專案與任務 (題目) 的描述

在測驗面板會顯示必須執行的各項工作，也就是專案裡的各項小題。題目編號是以藍色方塊的任務編號按鈕呈現，若是白色方塊的任務編號則代表這是目前正在處理的任務。題目中有可能會牽涉到檔案名稱、資料夾名稱、對話方塊名稱，通常會以括號或粗體字樣示顯示。

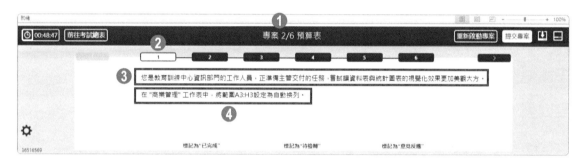

① 以 Excel Associate 測驗為例，測驗中會需要處理 6 個專案。

② 每一個專案會要求執行 5 到 6 項任務，也就是必須完成的各項工作。

③ 只有專案裡的第 1 個任務會顯示專案情境說明。

④ 專案情境說明底下便是第 1 個任務的題目。

題目中若有要求使用者輸入文字才能完成題目作答時，該文字會標示著點狀底線。

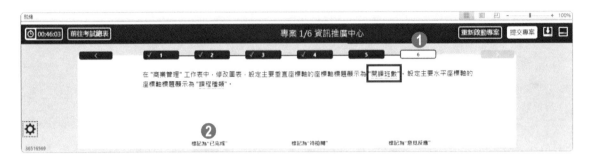

❶ 白色方塊的任務編號是目前正在處理的任務題目說明。

❷ 題目面版底部的〔標記為 " 已完成 "〕、〔標記為 " 待檢閱 "〕、〔標記為 " 意見反應 "〕等三個按鈕可以為作答中的任務加上標記符號。

任務的標示與切換

● 標示為 " 已完成 "

完成任務後，可以點按〔標記為 " 已完成 "〕按鈕，將目前正在處理的任務加上一個記號，標記為已經解題完畢的任務。這是一個綠色核取勾選符號。當然，這個標示為 " 已完成 " 的標記只是提醒自己的作答狀況，並不是真的提交評分。您也可以隨時再點按一下 " 取消已完成標記 " 以取消這個綠色核取勾選符號的顯示。

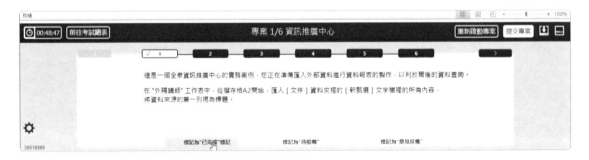

● 下一項任務 (下一小題)

若要進行下一小題，也就是下一個任務，可以直接點按藍色方塊的任務編號按鈕，可以立即切換至該專案任務的題目。

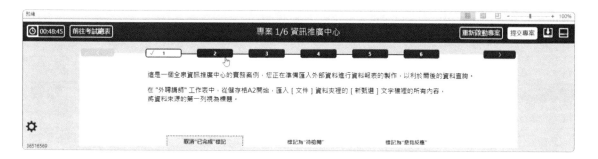

或者也可以點按題目窗格右側的〔 > 〕按鈕，切換至同專案的下一個任務。

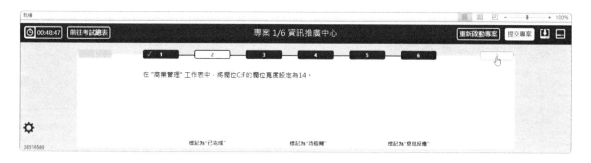

● 上一項任務 (前一小題)

若要回到上一小題的題目，可以直接點按藍色方塊的任務編號按鈕，也可以點按題目窗格左上方的〔 < 〕按鈕，切換至同專案的上一個任務。

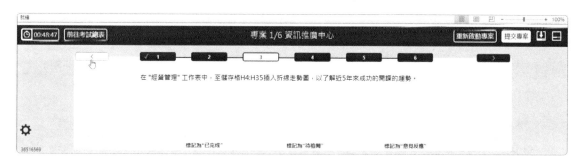

● **標示為 " 待檢閱 "**

除了標記已完成的標記外，也可以對題目標記為待檢閱，也就是您若不確定此題目的操作是否正確或者尚不知如何操作與解題，可以點按面板下方的〔標記為待檢閱〕按鈕。將此題目標記為目前尚未完成的工作，稍後再完成此任務。

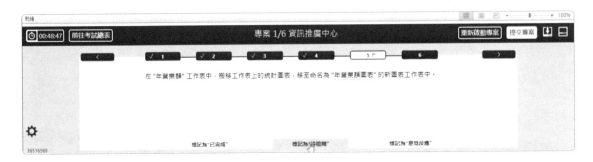

● **標示為 " 意見反應 "**

您也可以將題目標記為意見反映，在結束考試時，針對這些題目提供回饋意見給測驗開發小組。

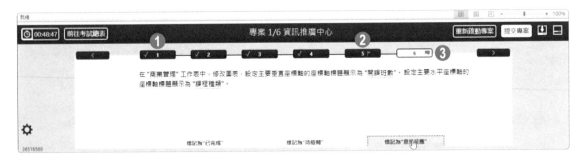

❶ [標記為 " 已完成 "] 的題目會顯示綠色打勾圖示，用來表示該工作已完成。

❷ [標記為 " 待檢閱 "] 的題目會顯示黃色旗幟圖示，用來表示在完成測驗之前想要再次檢閱該工作。

❸ [標記為 " 意見反應 "] 的題目會顯示藍色圖說圖示，用來表示在測驗之後想要留下關於該工作的意見反應。

縮放顯示比例與計算機功能

題目面板的左下角有一個齒輪工具，點按此按鈕可以顯示兩項方便的工具，
一個是「計算機」，可以在畫面上彈跳出一個計算器，免去您有需要進行算
術計算時的困擾，不過，這項功能的實用性並不高。

反而是「縮放」工具比較實用，若覺得題目的文字大小太小，可以透過縮放
按鈕的點按來放大顯示。例如：調整為放大 **125%** 的顯示比例，大一點的字
型與按鈕是不是看起來比較舒服呢？

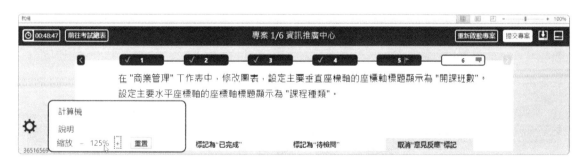

注意：如果變更測驗面板的縮放比例，也可以使用 **Ctrl +**(加號) 放大、**Ctrl
-**(減號) 縮小或 **Ctrl+0**(零) 還原等快捷按鍵。

提交專案

完成一個專案裡的所有工作，或者即便尚未完成所有的工作，都可以點按題目面版右上方的〔提交專案〕按鈕，暫時儲存並結束此專案的操作，並準備進入下一個專案的答題。

在再次確認是否提交專案的對話方塊上，點按〔提交專案〕按鈕，便可以儲存目前該專案各項任務的作答結果，並轉到下一個專案。不過請放心，在正式結束整個考試之前，您都可以隨時透過考試總表的操作再度回到此專案作答。

進入下一個專案的畫面後，除了開啟該專案的資料檔案外，下方視窗的題目面版裡也可以看到專案說明與第一項任務的題目，讓您開始進行作答。

關於考試總表

考試系統提供有考試總結清單，可以顯示目前已經完成或尚未完成（待檢閱）的任務（工作）清單。在考試的過程中，您隨時可以點按測驗題目面板左上方的〔前往考試總表〕按鈕，在顯示確認對話方塊後點按〔繼續至考試總表〕按鈕，便可以進入考試總表視窗，回顧所有已經完成或尚未完成的工作，檢視各專案的任務題目與作答標記狀況。

切換至考試總表視窗時，原先進行中的專案操作結果都會被保存，您也可以從考試總表返回任一專案，繼續執行該專案裡各項任務的作答與編輯。即便臨時起意切換到考試總表視窗了，只要沒有重設專案，已經完成的任務也不用再重做一次。

在〔考試總表〕頁面裡可以做的事情：

- 如要回到特定工作，請選取該工作。
- 如要回到包含工作〔已標為 " 已完成 "〕、〔已標為 " 待檢閱 "〕、〔已標為 " 意見反應 "〕的專案，請選取欄位標題。
- 選取〔完成考試〕以提交答案、停止測驗計時器，然後進入測驗的意見反應階段。完成測驗之後便無法變更答案。
- 若是完成考試，可以選取〔顯示成績單〕以結束意見反應模式，並顯示測驗結果。

貼心的複製文字功能

有些題目會需要考生在操作過程和對話方塊中輸入指定的文字，若是必須輸入中文字，昔日考生在作答時還必須將鍵盤事先切換至中文模式，然後再一一鍵入中文字，即便只是英文與數字的輸入，並不需要切換輸入法模式，卻也得小心翼翼地逐字無誤的鍵入，多個空白就不行。現在，大家有福了，新版本的操作介面在完成工作時要輸入文字的要求上，有著非常貼心的改革，因為，在專案任務的題目上，若有需要考生輸入文字才能完成工作時，該文字會標示點狀底線，只要考生以滑鼠左鍵點按一下點狀底線的文字，即可將其複製到剪貼簿裡，稍後再輕鬆的貼到指定的目地的。如下圖範例所示，只要點按一下任務題目裡的點狀底線文字「資訊處支出」，便可以將這段文字複製到剪貼簿裡。

如此，在題目作答時就可以利用 Ctrl+V 快捷按鍵將其貼到目的地。例如：在開啟範圍〔新名稱〕的對話方塊操作上，點按〔名稱〕文字方塊後，並不需要親自鍵入文字，只要直接按 Ctrl+V 即可貼上剪貼簿裡的內容，是不是非常便民的貼心設計呢！

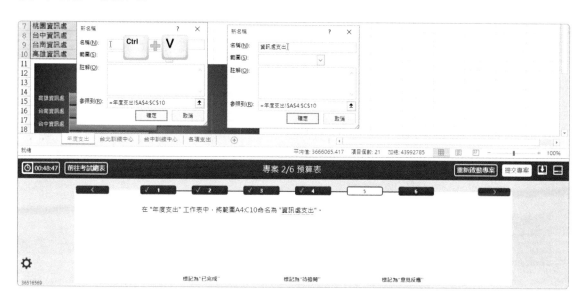

視窗面板的折疊與展開

有時候您可能需要更大的軟體視窗來進行答題的操作，此時，可以點按一下
測驗題目面板右上方的〔折疊工作面板〕按鈕。

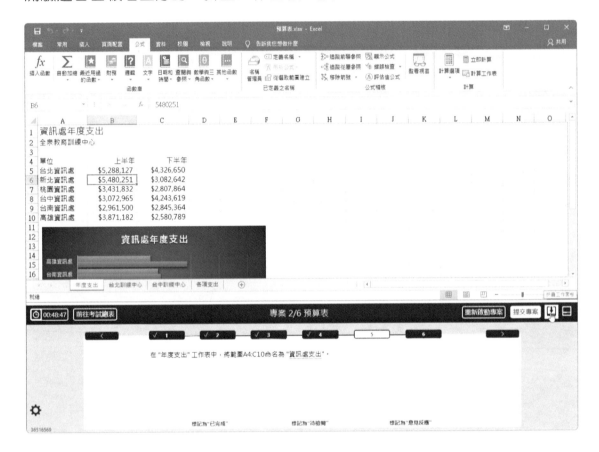

如此，視窗下方的測驗題目面板便自動折疊起來，空出更大的畫面空間來顯示整個應用程式操作視窗。若要再度顯示測驗題目面板，則點按右下角的〔展開工作面板〕按鈕即可。

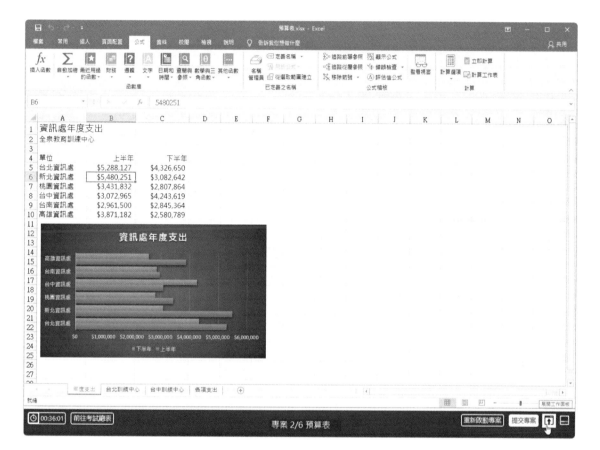

恢復視窗配置

或許在操作過程中調整了應用程式視窗的大小，導致沒有全螢幕或沒有適當的切割視窗與面板窗格，此時您可以點按一下測驗題目面板右上方的〔恢復視窗配置〕按鈕。

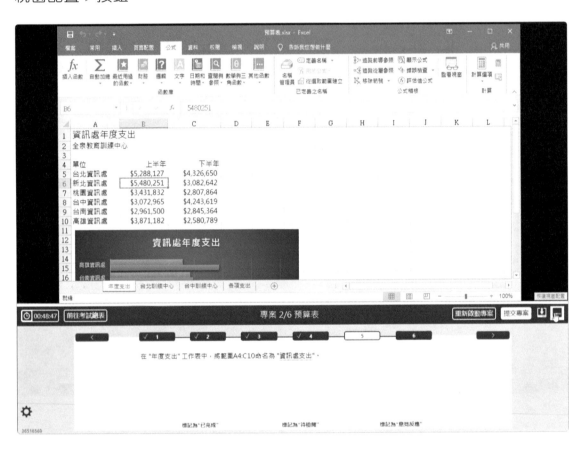

只要恢復視窗配置，當下的畫面將復原為預設的考試視窗。

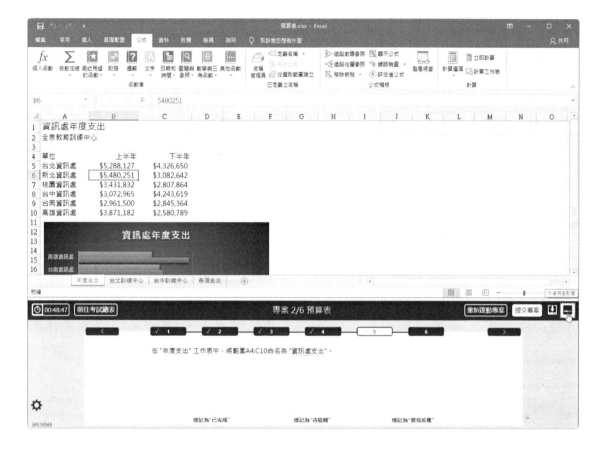

重新啟動專案

如果您對某個專案的操作過程不盡滿意，而想要重作整個專案裡的每一道題目，可以點按一下測驗題目面板右上方的〔重新啟動專案〕按鈕。

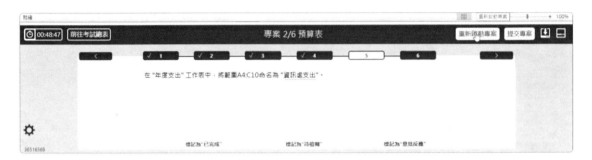

在顯示重置專案的確認對話方塊時，點按〔確定〕按鈕，即可清除該專案原先儲存的作答，重置該專案讓專案裡的所有任務及文件檔案都回復到未作答前的初始狀態。

2-3 完成考試－前往考試總表

在考試過程中您隨時可以切換到考試總表，瀏覽目前每一個專案的各項任務題目以及其標記設定。若要完成整個考試，也是必須前往考試總表畫面，進行最後的專案題目導覽與確認結束考試。若有此需求，可以點按測驗題目面板左上方的〔前往考試總表〕按鈕。

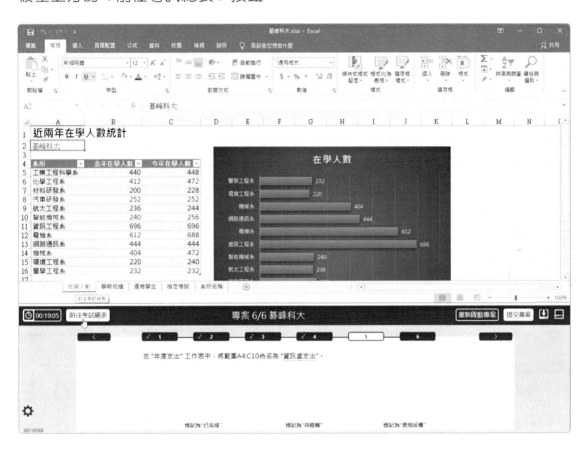

在顯示確認對話方塊後點按〔繼續至考試總表〕按鈕，才能順利進入考試總表視窗。

若是完成最後一個專案最後一項任務並點按〔提交專案〕按鈕後，不需點按〔前往考試總表〕按鈕，也會自動切換到考試總表畫面。若要完成考試，即可點按考試總表畫面右下角的〔完成考試〕按鈕。

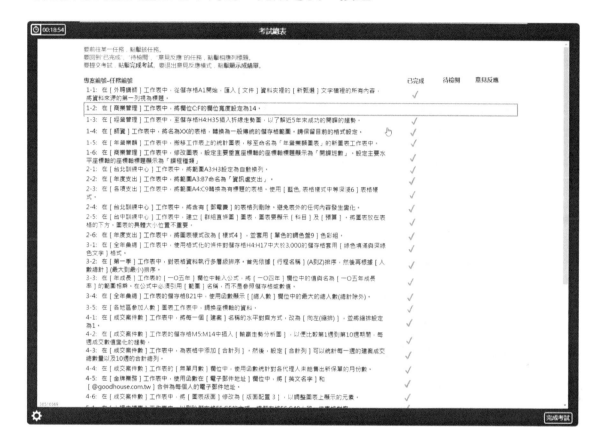

接著，會顯示完成考試將立即計算最終成績的確認對話方塊，此時點按〔完成考試〕按鈕即可。不過切記，一旦按下〔完成考試〕按鈕就無法再返回考試囉！

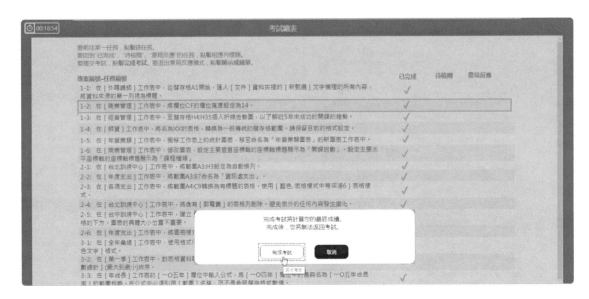

完成考試後可以有兩個選擇，其一是提供回饋意見給測驗開發小組，當然，若沒有要進行任何的意見回饋，便可直接檢視考試成績。

自行決定是否留下意見反應

還記得在考試中，您若對於專案裡的題目設計有話要說，想要提供該題目之回饋意見，則可以在該任務題目上標記 " 意見反應 " 標記 (淺藍色的圖說符號)，便可以在完成考試後，也就是此時進行意見反應的輸入。例如：點按此頁面右下角的〔提供意見反應〕按鈕。

若是點按〔提供意見反應〕按鈕，將立即進入回饋模式，在視窗下方的測驗題目面板裡，會顯示專案裡各項任務的題目，您可以切換到想要提供意見的題目上，然後點按底部的〔對本任務提供意見反應〕按鈕。

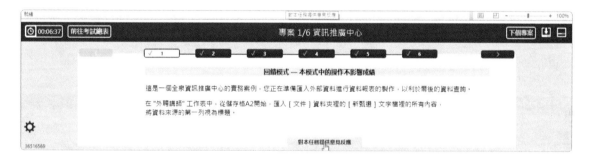

接著，開啟〔留下回應〕對話方塊後，即可在此輸入您的意見與想法，然後按下〔儲存〕按鈕。

您可以瀏覽至想要評論的專案工作上，點按在測驗面板底部的〔對本任務提供意見反應〕按鈕，留下給測驗開發小組針對目前測驗題目的相關意見反應。若有需求，可以繼續選取〔前往考試總表〕或者點按測驗面板有上方的〔下個專案〕以瀏覽至其他工作，依此類推，完成留下關於特定工作的意見反應。

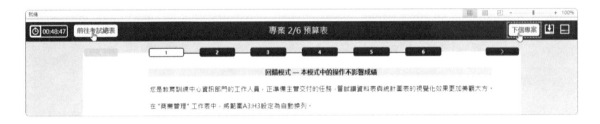

顯示成績

結束考試後若不想要留下任何意見反應，可以直接點按〔留下意見反應〕頁面對話方塊右下角的〔顯示成績單〕按鈕，或者，在結束意見反應的回饋後，亦可前往〔考試總表〕頁面，點按右下角的〔顯示成績單〕按鈕，在即測即評的系統環境下，立即顯示您此次的考試成績。

MOS 認證考試的滿分成績是 1000 分，及格分數是 700 分以上，分數報表畫面會顯示您是否合格，您可以直接列印或儲存成 PDF 檔。

若是勾選分數報表畫面左上方的〔Show Exam Score On Score Report instead of Pass/Fail〕核取方塊，則成績單右下方結果方塊裡會顯示您的實質分數。當然，考後亦可登入 Certiport 網站，檢視、下載、列印您的成績報表或查詢與下載列印證書副本。

2019-PowerPoint Associate MO-300 評量技能

PowerPoint 是簡報者在報告時不能缺少的重要伙伴,簡報的美觀及專業度在一場演說中佔有舉足輕重的地位。

近年來全球演講者的演講能力都已快速提升,但製作精美的簡報往往費時費工,熟悉 PowerPoint 的設計理念及功能設定能讓我們快速完成專業的報告,在新版本的 PowerPoint 新增了許多專業的輔助工具,這些工具不但符合專業的報告觀念,還能不同於以往的大幅提升製作簡報的效率。

透過 PowerPoint 的測驗能協助我們學習到許多的 PowerPoint 內建功能,在完成測驗得到認證時,同時習得大量的扎實基本功及最新的相關資訊。

MOS PowerPoint 2019 Associate 的認證考試代碼為 Exam MO-300,共分成以下五大核心能力評量領域:

- **1** 管理簡報
- **2** 管理投影片
- **3** 插入和格式化文字、圖案及影像
- **4** 插入表格、圖表、**SmartArt**、**3D** 模型和媒體
- **5** 套用轉場和動畫

以下彙整了 Microsoft 公司訓練認證和測驗網站平台所公布的 MOS PowerPoint 2019 Associate 認證考試範圍與評量重點摘要。您可以在學習前後,根據這份評量的技能,看看您已經學會了哪些必備技能,在前面打個勾或做個記號,以瞭解自己的實力與學習進程。

評量領域	評量目標與必備評量技能
1 管理簡報	設定投影片放映
	☐ 投影片換頁
	文件檢查
	☐ 文件摘要資訊與個人資訊
	使用列印功能
	☐ 設定列印選項備忘稿 ☐ 設定列印選項講義
	投影片母片
	☐ 變更項目符號 ☐ 插入版面配置區
	講義母片
	☐ 設定講義頁首及頁尾
	摘要資訊
	☐ 設定檔案屬性
	備忘稿母片
	☐ 設定頁首及頁尾
2 管理投影片	頁首及頁尾
	☐ 投影片編號及頁尾 ☐ 日期及時間和頁尾
	設定背景
	☐ 背景圖片
	章節功能
	☐ 新增與重新命名章節

評量領域	評量目標與必備評量技能
2 管理投影片	段落功能
	☐ 新增或移除欄
	編輯投影片
	☐ 隱藏投影片
3 插入和格式化文字、圖案及影像	繪圖工具
	☐ 陰影效果 ☐ 組成群組 ☐ 高度及寬度
	圖片工具
	☐ 裁剪圖片 ☐ 對齊設定 ☐ 新增替代文字 ☐ 圖片樣式 ☐ 美術效果 ☐ 排列
	超連結互動效果
	☐ 投影片縮放 ☐ 摘要縮放 ☐ 超連結 ☐ 節縮放
	插入投影片
	☐ 大綱插入投影片 ☐ 重複使用投影片
	格式化文字
	☐ 文字填滿色彩 ☐ 繪圖工具

評量領域	評量目標與必備評量技能
4 插入表格、圖表、SmartArt、3D 模型和媒體	**音訊工具** ☐ 音訊設定 **圖表工具** ☐ 插入圖表 ☐ 設定運算列表 ☐ 變更圖表 **3D 模型工具** ☐ 設定檢視及大小 ☐ 插入 3D 模型工具 **視訊工具** ☐ 插入視訊 **SmartArt 工具** ☐ 文字轉換成 SmartArt ☐ 插入 SmartArt 圖形 **表格工具** ☐ 刪除欄與刪除列 ☐ 插入列
5 套用轉場和動畫	**轉場** ☐ 設定切換到此投影片 ☐ 效果選項 ☐ 設定持續時間 **動畫應用** ☐ 新增移動路徑動畫 ☐ 新增進入動畫及效果選項 ☐ 動畫期間設定 ☐ 新增 3D 動畫

Chapter

03

模擬試題 I

此小節設計了一組包含 **PowerPoint** 各項必備基礎
技能的評量實作題目，可以協助讀者順利挑戰各種與
PowerPoint 相關的基本認證考試，共計有 **6** 個專案，每
個專案包含 **5 ～ 6** 項任務。

專案 **1** 食譜

這是一個烹飪課的食譜簡報，你是一個甜點師傅，我們透過母片及投影片放映的設定，快速修改整份簡報，並移除個人的相關資訊，以便日後能分享給其他學習甜點的烘焙者。

請在投影片母片的〔配方〕版面配置上，將第一層的項目符號變更為使用〔圖片〕資料夾中的〔核取方塊〕影像。

評量領域：管理簡報

評量目標：投影片母片

評量技能：變更項目符號

〔解題步驟〕

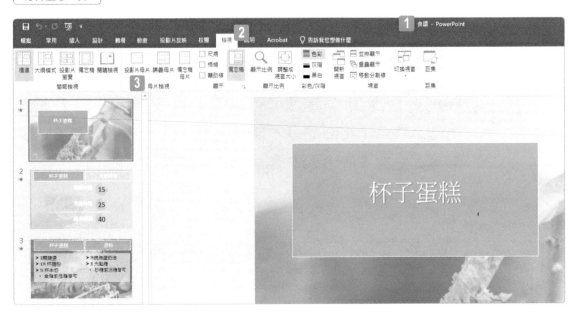

STEP**01**　開啟簡報檔案。

STEP**02**　點按〔檢視〕索引標籤。

STEP**03**　點按〔母片檢視〕群組裡的〔投影片母片〕命令按鈕。

STEP**04**　在視窗左側的縮圖區，點選〔配方〕版面配置。

STEP**05**　點選〔編輯主文字樣式〕段落。

> 註：可以將游標置於項目符號及文字編號之間

STEP**06**　點按〔常用〕索引標籤。

STEP**07**　點按〔段落〕群組裡的〔項目符號〕右側的下拉式選單。

STEP**08**　從展開的下拉式功能選單中點選〔項目符號及編號〕功能選項。

STEP**09**　開啟〔項目符號及編號〕對話方塊，點選〔圖片〕選項。

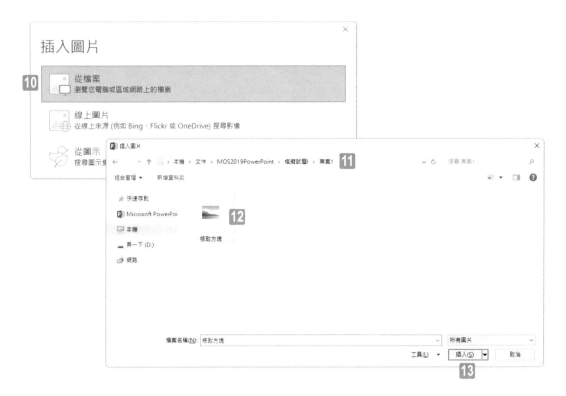

STEP**10**　開啟〔插入圖片〕對話方塊，點選〔從檔案〕選項。

STEP**11**　開啟〔插入圖片〕對話方塊，點選檔案路徑。

STEP**12**　點選〔核取方塊〕圖片檔。

STEP**13**　點按〔插入〕按鈕。

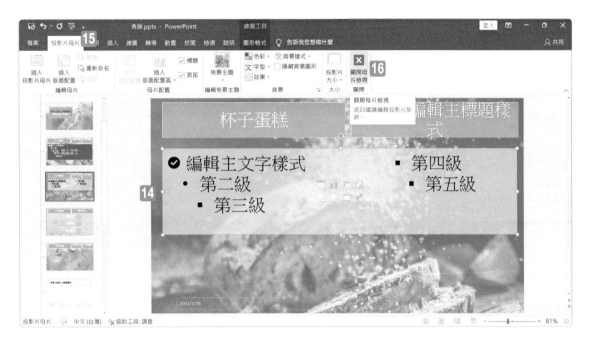

STEP **14**　插入後完成效果如上。

STEP **15**　點按〔投影片母片〕索引標籤。

STEP **16**　點按〔關閉〕群組裡的〔關閉母片檢視〕命令按鈕。

| 1 | 2 | 3 | 4 | 5 | 6 |

將投影片放映設定為需要檢視者〔手動〕切換投影片。

評量領域：管理簡報

評量目標：設定投影片放映

評量技能：投影片換頁

解題步驟

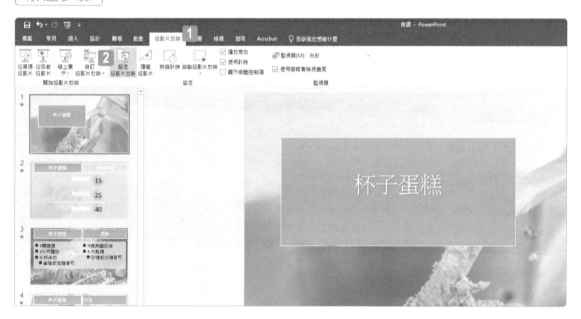

STEP 01　點按〔投影片放映〕索引標籤。

STEP 02　點按〔設定〕群組裡的〔設定投影片放映〕命令按鈕。

STEP 03

開啟〔設定放映方式〕對話方塊，點選〔投影片換頁〕選項底下的〔手動〕。

STEP 04

點按〔確定〕按鈕。

從簡報中移除〔隱藏的屬性和個人資訊〕。請不要移除任何其他的內容。

評量領域：管理簡報

評量目標：文件檢查

評量技能：文件摘要資訊與個人資訊

解題步驟

STEP **01**　點按〔檔案〕索引標籤。

STEP **02**　進入後台管理頁面，點按〔資訊〕選項。

STEP **03**　點按〔查看是否問題〕按鈕。

STEP **04**　從展開的功能選單中點選〔檢查文件〕選項。

STEP05 顯示檢查文件的存檔提示，點按〔是〕按鈕。

STEP06 開啟〔文件檢查〕對話方塊，點按〔檢查〕按鈕。

STEP07 點按〔文件摘要資訊與私人資訊〕選項右側的〔全部移除〕按鈕。

STEP08 完成〔文件檢查〕的對話操作，點按〔關閉〕按鈕。

在〔第 4 張〕投影片上，將〔內部：右下方〕陰影效果套用到兩個箭頭。
將陰影的距離設為〔4pt〕。

評量領域：插入和格式化文字、圖案及影像
評量目標：繪圖工具
評量技能：陰影效果

解題步驟

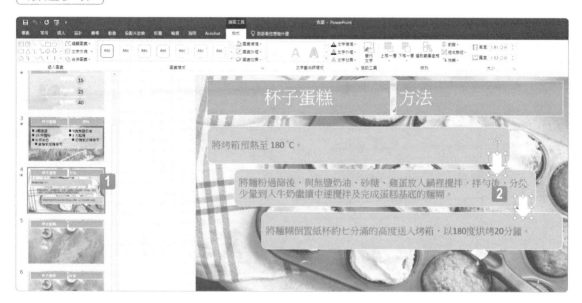

STEP**01**　點選〔第 4 張〕投影片。

STEP**02**　點選右方其中一個箭頭圖案，按住鍵盤 **Shift** 按鍵不放，再點選右方另
　　　　一個箭頭圖案。

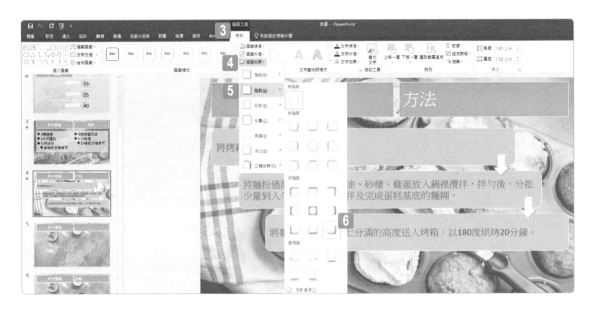

STEP**03** 視窗上方功能區裡立即顯示〔繪圖工具〕，點按其下方的〔格式〕索引標籤。

STEP**04** 點按〔圖案樣式〕群組裡的〔圖案效果〕右側的下拉式選單

STEP**05** 從展開的下拉式功能選單中點選〔陰影〕功能選項。

STEP**06** 在〔內陰影〕類別中，點選〔內部：右下方〕選項。

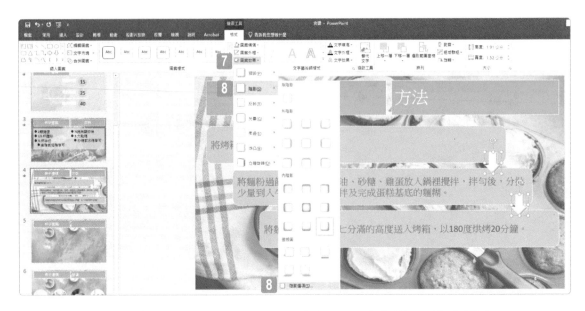

STEP**07** 點按〔圖案樣式〕群組裡的〔圖案效果〕右側的下拉式選單

STEP**08** 從展開的下拉式功能選單中點選〔陰影〕的〔陰影選項〕功能。

STEP 09 視窗右側會開啟〔設定圖形格式〕工作窗格,在〔陰影〕類別中將〔距離〕設定為「4pt」。

STEP 10 關閉視窗。

在〔第 6 張〕投影片上，將四個影像組成群組。

評量領域：插入和格式化文字、圖案及影像

評量目標：繪圖工具

評量技能：組成群組

解題步驟

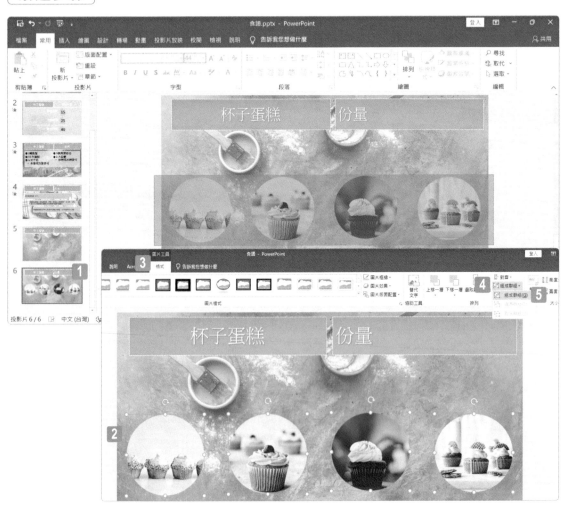

STEP 01 點選〔第 6 張〕投影片。

STEP 02 在投影片外使用按住滑鼠左鍵拖曳出一個矩形的方式，框選住四個影像。

STEP 03 視窗上方功能區裡立即顯示〔圖片工具〕，點按其下方的〔格式〕索引標籤。

STEP**04** 點按〔排列〕群組裡的〔組成群組〕命令按鈕。

STEP**05** 從展開的樣式選單中點選〔組成群組〕選項。

| 1 | 2 | 3 | 4 | 5 | 6 |

在〔第 1 張〕投影片上，將音訊剪輯設為在使用者按一下音訊圖示時，淡入「3 秒」。

變更設定，讓音訊剪輯〔放映時隱藏〕，並可以在〔多張投影片之間繼續播放〕。

評量領域：插入表格、圖表、SmartArt、3D 模型和媒體
評量目標：音訊工具
評量技能：音訊設定

解題步驟

STEP**01** 點選〔第 1 張〕投影片，點選〔音訊〕圖示。

STEP**02** 視窗上方功能區裡立即顯示〔音訊工具〕，點按其下方的〔播放〕索引標籤。

STEP**03** 點按〔編輯〕群組裡的〔淡入〕設定為「03.00」。

STEP**04** 點按〔音訊選項〕群組，勾選〔放映時隱藏〕。

STEP**05** 點按〔音訊選項〕群組，勾選〔跨投影片播放〕。

專案 **2**　健身訓練

您是一個健身公司的經理人，正在為 VarNrsdel 有限公司的潛在客戶修改健身訓練的簡報，透過繪製圖表及修改圖片，套用 3D 物件，讓客戶能更清楚健身訓練的相關規劃。

| 1 |　| 2 |　| 3 |　| 4 |　| 5 |

請插入投影片頁尾，顯示投影片的編號和文字「構想」。將頁尾套用至標題投影片之外的所有投影片。

評量領域：管理投影片
評量目標：頁首及頁尾
評量技能：投影片編號及頁尾

解題步驟

STEP**01**　開啟簡報檔案。

STEP**02**　點按〔插入〕索引標籤。

STEP**03**　點按〔文字〕群組裡的〔頁首及頁尾〕命令按鈕。

STEP 04　開啟〔頁首及頁尾〕對話方塊，勾選〔投影片編號〕。

STEP 05　勾選〔頁尾〕輸入文字「構想」。

STEP 06　勾選〔標題投影片中不顯示〕，並按下〔全部套用〕按鈕。

在〔第 1 張〕投影片上，裁剪跑步者的影像，使影像的右邊與投影片的右邊緣對齊。請不要變更影像比例。

評量領域：插入和格式化文字、圖案及影像

評量目標：圖片工具

評量技能：裁剪圖片

解題步驟

STEP 01 點選〔第 1 張〕投影片，點選右邊〔跑步者〕的影像。

STEP 02 視窗上方功能區裡立即顯示〔圖片工具〕，點按其下方的〔格式〕索引標籤。

STEP 03 點按〔大小〕群組裡的〔裁剪〕命令按鈕的上半部按鈕。

STEP 04 拖曳圖片右方中間的控點，使影像的右邊與投影片的右邊緣對齊，完成之後再按一下〔裁剪〕的上半部按鈕。

在〔第 5 張〕投影片上，於內容版面配置區內建立〔立體折線圖〕來顯示表格的內容。

您可以複製並貼上，或是在圖表的工作表上手動輸入表格資料。

評量領域：插入表格、圖表、SmartArt、3D 模型和媒體
評量目標：圖表工具
評量技能：插入圖表

解題步驟

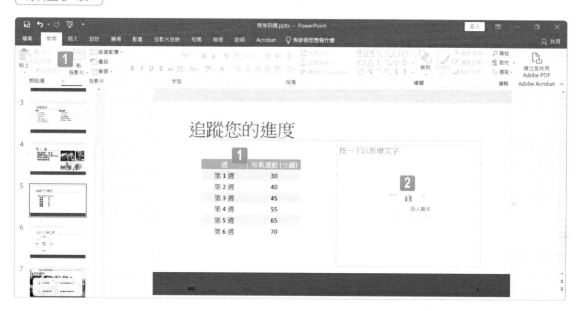

STEP**01** 點選〔第 5 張〕投影片，選取整張表格，並點按〔複製〕按鈕，以複製表格內容。

STEP**02** 點選〔右側版面配置區〕，點按〔插入圖表〕命令按鈕。

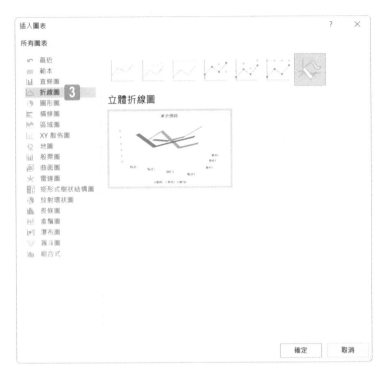

STEP**03**

開啟〔插入圖表〕對話方塊，點選〔折線圖〕的〔立體折線圖〕選項，並按下〔確定〕按鈕。

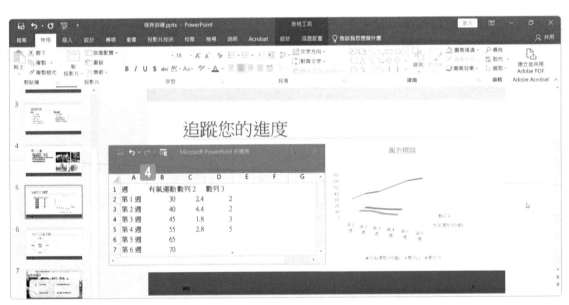

STEP**04** 開啟〔Microsoft PowerPoint 的圖表〕對話方塊，點選〔A1〕儲存格，貼上資料。

> 註：貼上表格資料時，無論是純文字貼上，或帶有原本表格的格式貼上，均可以得分。

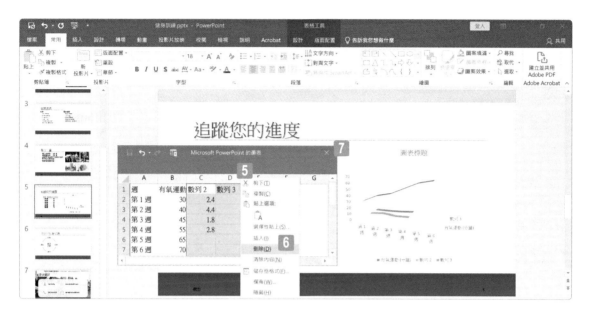

STEP**05** 點選整個 C 欄位及 D 欄位，並按下滑鼠右鍵。

STEP**06** 從展開的下拉式功能選單中點選〔刪除〕功能選項。

STEP**07** 關閉視窗。

STEP**08** 完成結果如下圖。

在〔第 6 張〕投影片上，將 3D 模型的檢視變更為〔前面左上方〕。然後，將模型大小重新調整成「10.21」公分的高度。

評量領域：插入表格、圖表、SmartArt、3D 模型和媒體
評量目標：3D 模型工具
評量技能：設定檢視及大小

解題步驟

STEP 01 點選〔第 6 張〕投影片，點選 3D 模型。

STEP 02 視窗上方功能區裡立即顯示〔3D 模型工具〕，點按其下方的〔格式〕索引標籤。

STEP 03 點按〔3D 模型檢視〕群組裡的〔前面左上方〕選項。

STEP 04 點按〔大小〕群組裡的〔高度〕設定為「10.21」公分。

将效果選項為〔水平〕的〔窗戶〕投影片轉場效果套用到所有投影片。

評量領域：套用轉場和動畫

評量目標：轉場

評量技能：設定切換到此投影片

解題步驟

STEP 01 點選視窗左側的縮圖區中任何一張投影片，按住鍵盤 Ctrl 按鍵不放，再按一下 A 按鍵，以達到全選所有投影片的效果。

STEP 02 點按〔轉場〕索引標籤。

STEP 03 點按〔切換到此投影片〕群組裡的〔其他〕命令按鈕。

STEP **04** 從展開的選單中點選〔動態內容〕類別的〔窗戶〕選項。

STEP **05** 點按〔切換到此投影片〕群組裡〔效果選項〕的下拉式選單。

STEP **06** 從展開的選單中點選〔水平〕選項。

專案 3 住宅

您是一位住宅銷售員，正在為 Abrantes 住宅的潛在客戶製作簡報，製作詳細的圖表，以及播放影片來介紹住宅的相關資料，考慮 2 種報告的可能性，在演講時使用互動式簡報，但若不方便使用簡報，也可以列印出來，並完成列印設定準備輸出給客戶觀看。

| 1 | 2 | 3 | 4 | 5 | 6 |

請設定列印選項，使其以〔直向〕將簡報的〔備忘稿〕列印〔三份〕。並使第 1 頁全部都列印出來後，才能列印第 2 頁（依此類推）。

評量領域：管理簡報
評量目標：使用列印功能
評量技能：設定列印選項備忘稿

解題步驟

STEP**01** 開啟簡報檔案。

STEP**02** 點按〔檔案〕索引標籤。

STEP**03** 進入後台管理頁面，點按〔列印〕選項。

STEP**04** 點按〔份數〕設定為「3」。

STEP 05　點按〔全頁投影片〕的下拉式選單，選擇「備忘稿」選項。

STEP 06　點按〔橫向方向〕的下拉式選單，選擇「直向方向」選項。

STEP 07　點按〔自動分頁〕的下拉式選單，選擇「未自動分頁」選項。

1   2   3   4   5   6

在〔第 1 張〕投影片上，插入〔美麗的都市與鄉村地段〕投影片的投影片縮放連結。將此投影片縮放的縮圖放在投影片的〔左下角〕。

縮圖的確切大小和位置不重要。

評量領域：插入和格式化文字、圖案及影像
評量目標：超連結互動效果
評量技能：投影片縮放

解題步驟

STEP01   點選〔第 1 張〕投影片。

STEP02   點按〔插入〕索引標籤。

STEP03   點按〔連結〕群組裡的〔縮放〕下拉式選單。

STEP04   從展開的下拉式功能選單中點選〔投影片縮放〕功能選項。

STEP 05　開啟〔插入投影片縮放〕對話方塊，勾選〔5.美麗的都市與鄉村地段〕投影片，並按下〔插入〕按鈕。

STEP 06　點按此投影片的縮圖，並移至投影片的〔左下角〕。

| 1 | 2 | 3 | 4 | 5 | 6 |

在〔第 3 張〕投影片上，將兩張影像以〔上邊緣〕對齊。請不要水平移動影像。

評量領域：插入和格式化文字、圖案及影像

評量目標：圖片工具

評量技能：對齊設定

解題步驟

STEP 01　點選〔第 3 張〕投影片。

STEP 02　在投影片外使用按住滑鼠左鍵拖曳出一個矩形的方式，框選住兩張影像。

STEP **03** 視窗上方功能區裡立即顯示〔圖片工具〕，點按其下方的〔格式〕索
引標籤。

STEP **04** 點按〔排列〕群組裡的〔對齊〕的下拉式選單。

STEP **05** 從展開的下拉式功能選單中點選〔靠上對齊〕功能選項。

STEP **06** 完成結果如下圖。

在〔第6張〕投影片上，修改圖表使其使用有圖例符號來顯示〔運算列表〕。

評量領域：插入表格、圖表、SmartArt、3D 模型和媒體

評量目標：圖表工具

評量技能：設定運算列表

解題步驟

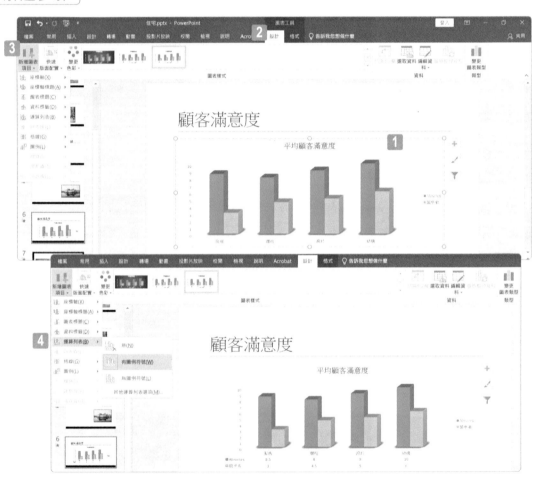

STEP **01** 點選〔第 6 張〕投影片，點選圖表。

STEP **02** 視窗上方功能區裡立即顯示〔圖表工具〕，點按其下方的〔設計〕索引標籤。

STEP **03** 點按〔圖表版面配置〕群組裡的〔新增圖表項目〕的下拉式選單。

STEP **04** 從展開的下拉式功能選單中點選〔運算列表〕類別中的〔有圖例符號〕選項。

1 —— 2 —— 3 —— 4 —— 5 —— 6

在〔第 5 張〕投影片上，插入〔影片〕資料夾中的〔河川〕影片。將影片放在影像的〔左側〕。

影片的確切大小和位置不重要。

評量領域：插入表格、圖表、SmartArt、3D 模型和媒體
評量目標：視訊工具
評量技能：插入視訊

解題步驟

STEP 01　點選〔第 5 張〕投影片。

STEP 02　點按〔插入〕索引標籤。

STEP 03　點按〔媒體〕群組裡的〔視訊〕下拉式選單。

STEP 04　從展開的下拉式功能選單中點選〔我個人電腦上的視訊〕功能選項。

STEP 05　開啟〔插入視訊〕對話方塊，點選檔案路徑。

STEP 06　點選〔河川〕影片檔。

STEP 07　點按〔插入〕按鈕。

STEP 08　點按此影片檔縮圖，並移至影像的〔左側〕。

```
1 ─── 2 ─── 3 ─── 4 ─── 5 ─── 6
```

在〔第 4 張〕投影片上，為心形圖案設定〔彎曲的星形〕移動路徑動畫。

評量領域：套用轉場和動畫

評量目標：動畫應用

評量技能：新增移動路徑動畫

〔解題步驟〕

STEP**01** 點選〔第 4 張〕投影片，心形圖案。

STEP**02** 點按〔動畫〕索引標籤。

STEP**03** 點按〔進階動畫〕群組裡的〔新增動畫〕下拉式選單。

STEP**04** 從展開的下拉式功能選單中點選〔其他移動路徑〕功能選項。

STEP**05** 開啟〔新增移動路徑〕對話方塊，點選〔特殊〕類別的〔彎曲的星形〕。

STEP**06** 點按〔確定〕按鈕。

專案 4 技術專家

您是一間顧問公司的專業顧問，正在為 First Update 顧問公司的潛在客戶製作簡報，利用摘要縮放投影片及超連結呈現互動效果，並調整投影片的背景，製作 SmartArt 圖，並設定講義，完成一份專業的簡報。

1 ── 2 ── 3 ── 4 ── 5 ── 6

請在〔講義母片〕上，將左側的頁首變更為顯示「First Update 顧問」，並將左側的頁尾變更為顯示「www.firstupdatetants.com」。

評量領域：管理簡報
評量目標：講義母片
評量技能：設定講義頁首及頁尾

解題步驟

STEP01　開啟簡報檔案。

STEP02　點按〔檢視〕索引標籤。

STEP03　點按〔母片檢視〕群組裡的〔講義母片〕命令按鈕。

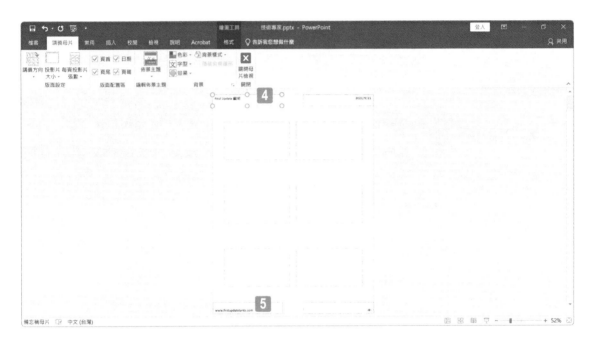

STEP 04　點按〔左側的頁首〕，輸入文字「First Update 顧問」。

STEP 05　點按〔左側的頁尾〕，輸入文字「www.firstupdatetants.com」。

STEP 06　點按〔講義母片〕索引標籤。

STEP 07　點按〔關閉〕群組裡的〔關閉母片檢視〕命令按鈕。

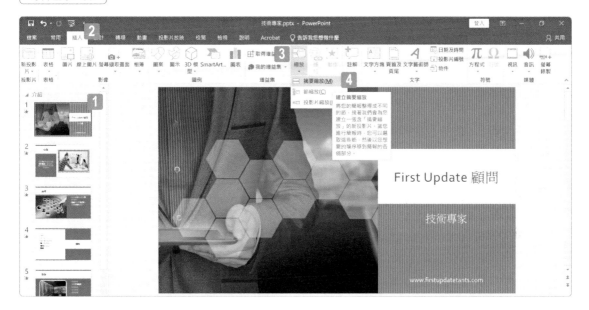

在〔First Update 顧問〕投影片之後，插入摘要縮放投影片，只連結至〔任務〕、〔達標〕、〔權威〕和〔顧問團隊〕投影片。

請不要包含前往〔First Update 顧問〕投影片的連結。

評量領域：插入和格式化文字、圖案及影像

評量目標：超連結互動效果

評量技能：摘要縮放

解題步驟

STEP 01 　點選〔第 1 張〕投影片。

STEP 02 　點按〔插入〕索引標籤。

STEP 03 　點按〔連結〕群組裡的〔縮放〕下拉式選單。

STEP 04 　從展開的下拉式功能選單中點選〔摘要縮放〕功能選項。

STEP**05** 開啟〔插入摘要縮放〕對話方塊，取消勾選〔1. First Update 顧問〕投影片。

STEP**06** 勾選〔2.任務〕投影片。

STEP**07** 勾選〔3.達標〕投影片。

STEP**08** 勾選〔4.權威〕投影片。

STEP**09** 勾選〔6.顧問團隊〕投影片，並按下〔插入〕按鈕。

STEP**10** 完成結果如下圖。

只在〔顧問團隊〕投影片上,將投影片的背景設為〔圖片〕資料夾中的
〔手〕影像。將背景影像的透明度設為「65%」。

評量領域:管理投影片
評量目標:設定背景
評量技能:背景圖片

解題步驟

STEP01 點選〔第 7 張〕〔顧問團隊〕投影片。

STEP02 點按〔設計〕索引標籤。

STEP03 點按〔自訂〕群組裡的〔設定背景格式〕命令按鈕。

STEP**04** 視窗右側會開啟〔設定背景格式〕工作窗格，在〔填滿〕類別中點選
〔圖片或材質填滿〕。

STEP**05** 點選〔圖片插入來源〕選項底下的〔檔案〕按鈕。

STEP**06** 開啟〔插入圖片〕對話方塊，點選檔案路徑。

STEP**07** 點選〔手〕圖片檔。

STEP**08** 點按〔插入〕按鈕。

STEP09 點選〔圖片插入來源〕選項底下的〔透明度〕，並設定為「65%」。
STEP10 關閉視窗。

| 1 | 2 | 3 | 4 | 5 | 6 |

在〔First Update 顧問〕投影片上，將〔www.firstupdatetants.com〕文字轉換成超連結。將顯示文字變更為「連絡我們」。

評量領域：插入和格式化文字、圖案及影像
評量目標：超連結互動效果
評量技能：超連結

解題步驟

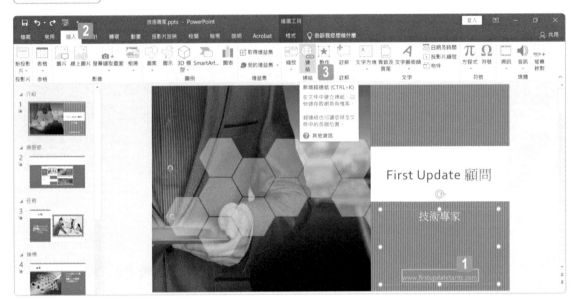

STEP01 點選〔第 1 張〕〔First Update 顧問〕投影片，選取文字〔www.firstupdatetants.com〕。

STEP02 點按〔插入〕索引標籤。

STEP03 點按〔連結〕群組裡的〔連結〕命令按鈕。

STEP04 開啟〔插入超連結〕對話方塊，點選〔網址〕輸入文字「www.firstupdatetants.com」。

STEP05 點選〔要顯示的文字〕輸入文字「連絡我們」。

STEP06 按下〔確定〕按鈕。

在〔權威〕投影片上，將項目符號清單轉換成〔區段循環圖〕SmartArt 圖形。

評量領域：插入表格、圖表、SmartArt、3D 模型和媒體
評量目標：SmartArt 工具
評量技能：文字轉換成 SmartArt

解題步驟

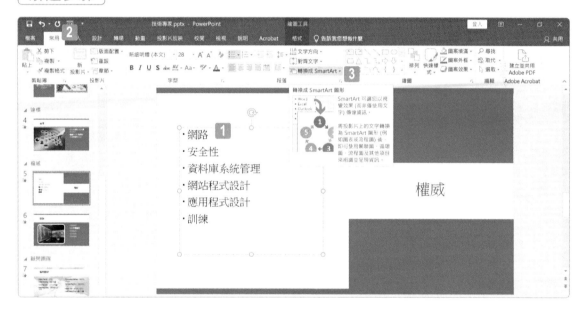

STEP**01**　點選〔第 5 張〕〔權威〕投影片，點選〔項目符號清單〕的文字方塊。

STEP**02**　點按〔常用〕索引標籤。

STEP**03**　點按〔段落〕群組裡的〔轉換成 SmartArt〕命令按鈕。

STEP **04**　從展開的下拉式功能選單中點選〔其他 SmartArt 圖形〕功能選項。

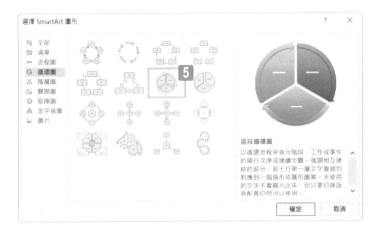

STEP **05**

開啟〔選擇 SmartArt 圖形〕對話方塊,點選〔循環圖〕的〔區段循環圖〕選項,並按下〔確定〕按鈕。

STEP **06**

完成結果如下圖。

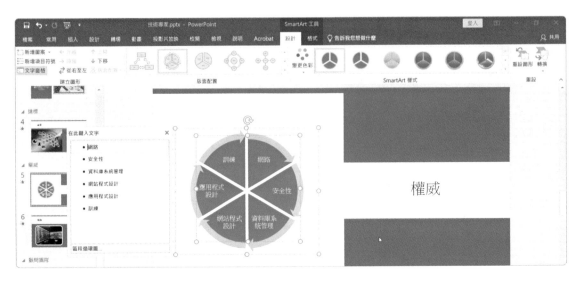

① — ② — ③ — ④ — ⑤ — ⑥

針對所有投影片,將轉場的效果選項設為〔逆時針〕。

評量領域:套用轉場和動畫
評量目標:轉場
評量技能:效果選項

解題步驟

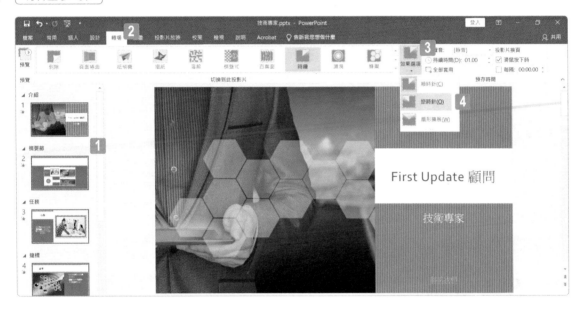

STEP 01 點選視窗左側的縮圖區中任何一張投影片,按住鍵盤 Ctrl 按鍵不放,再按一下 A 按鍵,以達到全選所有投影片的效果。

STEP 02 點按〔轉場〕索引標籤。

STEP 03 點按〔切換到此投影片〕群組裡的〔效果選項〕的下拉式選單。

STEP 04 從展開的選單中點選〔逆時針〕選項。

專案 5 航空

您是一位航空公司的行銷部經理，正在為 Orange Yonder 航空的超級貴賓建立簡報，使用文字匯入投影片的方式，可以節省打字的時間，再調整表格及設定圖案大小，能在會議報告中，更清楚的表達內容。

| 1 | 2 | 3 | 4 | 5 | 6 |

請在檔案屬性中，將〔標題〕設為「超級貴賓計畫」。

評量領域：管理簡報

評量目標：摘要資訊

評量技能：設定檔案屬性

解題步驟

STEP **01** 開啟簡報檔案。

STEP **02** 點按〔檔案〕索引標籤。

STEP **03**　進入後台管理頁面，點按〔資訊〕選項。

STEP **04**　點按〔摘要資訊〕下拉式選單。

STEP **05**　從展開的功能選單中點選〔進階摘要資訊〕選項。

STEP **06**　開啟〔航空 摘要資訊〕對話方塊，點按〔摘要資訊〕索引標籤。

STEP **07**　在〔標題〕欄位，輸入文字「超級貴賓計畫」。

STEP **08**　點按〔確定〕按鈕。

| 1 | 2 | 3 | 4 | 5 | 6 |

在〔飛行常客點數〕投影片之後，透過匯入〔文件〕資料夾裡的〔橙卡〕大綱文件來建立投影片。

評量領域：插入和格式化文字、圖案及影像
評量目標：插入文字檔
評量技能：大綱插入投影片

解題步驟

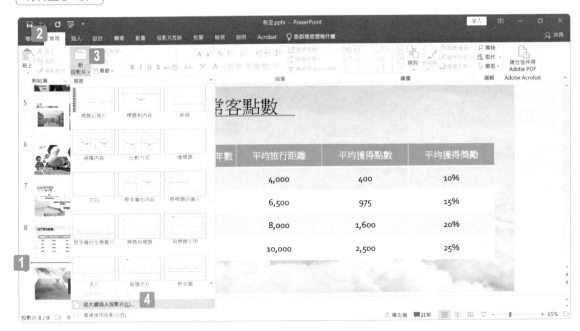

STEP **01** 點選〔第 8 張〕〔飛行常客點數〕投影片的下方。

STEP **02** 點按〔常用〕索引標籤。

STEP **03** 點按〔投影片〕群組裡的〔新投影片〕命令按鈕的下半部按鈕。

STEP **04** 從展開的下拉式功能選單中點選〔從大綱插入投影片〕功能選項。

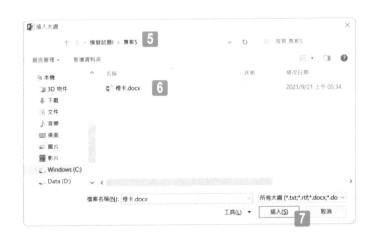

STEP **05** 開啟〔插入大綱〕對話方塊，點選檔案路徑。

STEP **06** 點選〔橙卡〕文字檔。

STEP **07** 點按〔插入〕按鈕。

1 ──── **2** ──── 3 ──── **4** ──── **5** ──── **6**

在〔成為飛行常客〕投影片上，針對〔現在註冊快速又簡單〕這段文字，將文字填滿色彩變更為〔藍綠色，輔色 5，較深 50%〕。

評量領域：插入和格式化文字、圖案及影像
評量目標：格式化文字
評量技能：文字填滿色彩

〔解題步驟〕

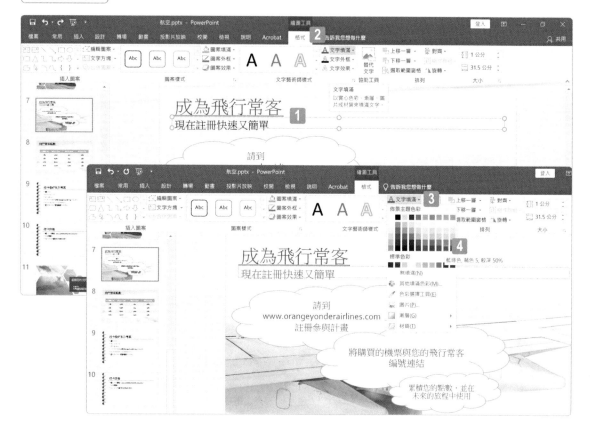

STEP**01** 點選〔第 7 張〕〔成為飛行常客〕投影片，點選〔現在註冊快速又簡單〕的文字方塊。

STEP**02** 視窗上方功能區裡立即顯示〔繪圖工具〕，點按其下方的〔格式〕索引標籤。

STEP**03** 點按〔文字藝術師樣式〕群組裡的〔文字填滿〕的下拉式選單。

STEP**04** 從展開的下拉式選單中點選〔藍綠色，輔色 5，較深 50%〕選項。

在〔成為飛行常客〕投影片上，將最小的雲朵形狀放大到與其他雲朵的大小完全相同。雲朵的確切位置不重要。

評量領域：插入和格式化文字、圖案及影像

評量目標：繪圖工具

評量技能：高度及寬度

解題步驟

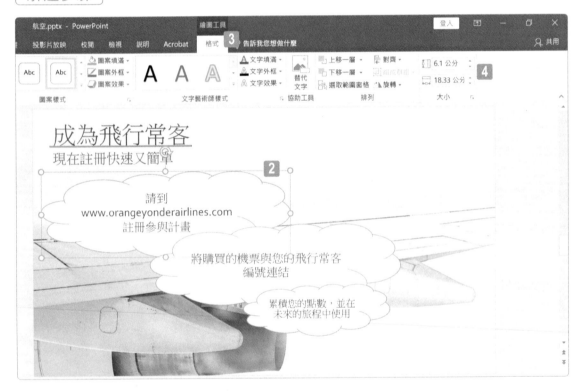

STEP 01　點選〔第 7 張〕〔成為飛行常客〕投影片。

STEP 02　點選最上面的第一個雲朵。

STEP 03　視窗上方功能區裡立即顯示〔繪圖工具〕，點按其下方的〔格式〕索引標籤。

STEP 04　觀察〔大小〕群組裡的高度為〔6.1〕公分及寬度為〔18.33〕公分。

STEP**05** 點選最下面的第三個雲朵。

STEP**06** 視窗上方功能區裡立即顯示〔繪圖工具〕，點按其下方的〔格式〕索引標籤。

STEP**07** 點選〔大小〕群組，設定高度為「6.1」公分及寬度為「18.33」公分。

1 ── 2 ── 3 ── 4 ── 5 ── 6

在〔飛行常客點數〕投影片上，刪除〔平均獲得獎勵〕欄。您可以自由決定要不要將表格置於投影片的正中央。

評量領域：插入表格、圖表、SmartArt、3D 模型和媒體
評量目標：表格工具
評量技能：刪除欄與刪除列

解題步驟

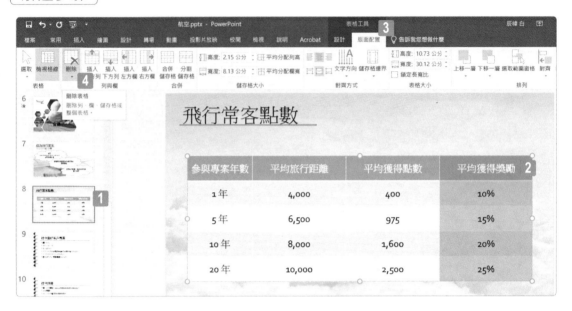

STEP **01** 點選〔第 8 張〕〔飛行常客點數〕投影片。

STEP **02** 點選表格中，〔平均獲得獎勵〕的儲存格。

STEP **03** 視窗上方功能區裡立即顯示〔表格工具〕，點按其下方的〔版面配置〕索引標籤。

STEP **04** 點按〔列與欄〕群組裡的〔刪除〕的下拉式選單。

STEP **05** 從展開的下拉式功能選單中點選〔刪除欄〕功能選項。

在〔飛行常客獎勵〕投影片上，為飛機影像製作動畫，使影像從投影片的右下角〔飛入〕。將動畫的期間設為「3秒」。

評量領域：套用轉場和動畫
評量目標：動畫應用
評量技能：新增進入動畫及效果選項

解題步驟

STEP 01　點選〔第6張〕〔飛行常客獎勵〕投影片。

STEP 02　點選左上方的飛機影像。

STEP 02　點按〔動畫〕索引標籤。

STEP 04　點按〔進階動畫〕群組裡的〔新增動畫〕的下拉式選單。

STEP 05 從展開的下拉式功能選單中點選〔進入〕類別中的〔飛入〕動畫。

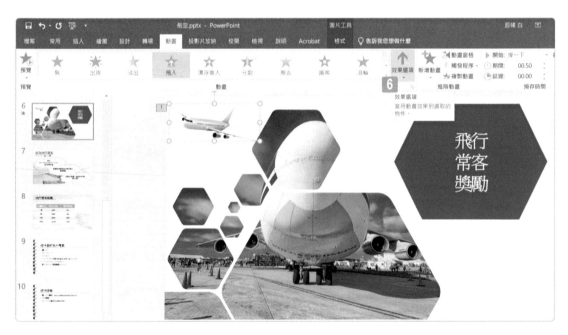

STEP 06 點按〔動畫〕群組裡的〔效果選項〕的下拉式選單。

STEP07 從展開的下拉式功能選單中點選〔自右下角〕選項。

STEP08 點按〔預存時間〕群組裡的〔期間〕設定為「02.00」。

專案 6　學生社團

您是學生會的成員，想做一份包含章節、社團圖片、SmartArt 清單的簡報，並藉由 3D 圖案及轉場動畫增添趣味性，來告訴 Acousto 大學的學生有關新學生社團的資訊。

建立名為「國際社團」的章節，其中只包含第 3 張到第 7 張投影片。

評量領域：管理投影片

評量目標：章節功能

評量技能：新增與重新命名章節

解題步驟

STEP 01　開啟簡報檔案。

STEP 02　點選〔第 3 張〕投影片。

STEP 03　點按〔常用〕索引標籤。

STEP 04　點按〔投影片〕群組裡的〔章節〕的下拉式選單。

STEP05 從展開的下拉式功能選單中點選〔新增節〕功能選項。

STEP06 開啟〔重新命名章節〕對話方塊，輸入文字「國際社團」。

STEP07 點按〔重新命名〕按鈕。

在〔第 6 張〕投影片上，為左下方的影像新增替代文字描述內容為「游泳選手」。

評量領域：插入和格式化文字、圖案及影像

評量目標：圖片工具

評量技能：新增替代文字

解題步驟

STEP**01** 點選〔第 6 張〕投影片。

STEP**02** 點選〔左下方〕的影像。

STEP**03** 視窗上方功能區裡立即顯示〔圖片工具〕，點按其下方的〔格式〕索引標籤。

STEP**04** 點按〔協助工具〕群組裡的〔替代文字〕命令按鈕。

STEP**05** 視窗右側會開啟〔替代文字〕工作窗格，在空白欄位中輸入文字「游泳選手」。

STEP**06** 關閉視窗。

在〔第 2 張〕投影片上，於內容版面配置區中，插入〔垂直弧形清單〕
SmartArt 圖形，其中由上到下依序包含「知識」、「樂趣」和「交友」等
文字。

評量領域：插入表格、圖表、SmartArt、3D 模型和媒體
評量目標：SmartArt 工具
評量技能：插入 SmartArt 圖形

解題步驟

STEP**01** 點選〔第 2 張〕投影片。

STEP**02** 點選〔內容版面配置區〕的，〔插入 SmartArt 圖形〕。

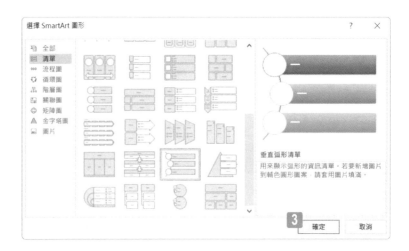

STEP**03** 開啟〔選擇 SmartArt 圖形〕對話方塊，點選〔清單〕的〔垂直弧形清單〕選項，並按下〔確定〕按鈕。

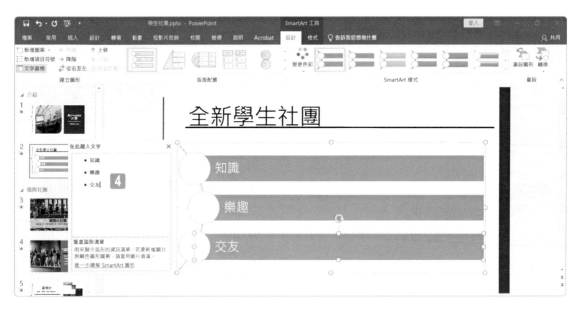

STEP**04** 開啟〔在此鍵入文字〕對話方塊，依序輸入文字「知識」、「樂趣」和「交友」。

1　2　3　4　5　6

在〔第 5 張〕投影片上,使用 3D 模型功能,插入 3D 模型並搜尋名稱為「piano」,選擇〔第 3 個〕搜尋結果圖。將模型大小重新調整成「5.12 公分」的高度與「4.19 公分」的寬度。將模型放在左側的空白矩形中。模型的確切位置不重要。

評量領域:插入表格、圖表、SmartArt、3D 模型和媒體
評量目標:3D 模型工具
評量技能:插入 3D 模型工具

解題步驟

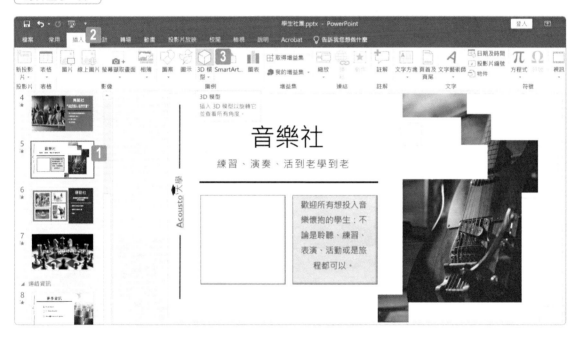

STEP **01**　點選〔第 5 張〕投影片。

STEP **02**　點按〔插入〕索引標籤。

STEP **03**　點按〔圖例〕群組裡的〔3D 模型〕命令按鈕。

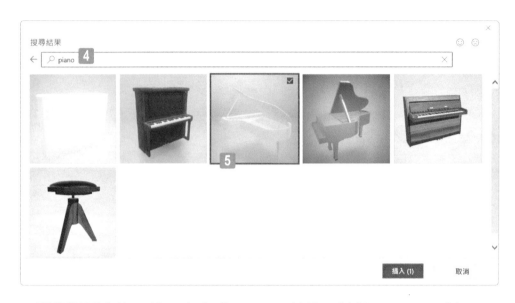

STEP**04** 開啟對話方塊，輸入文字「**piano**」並按下鍵盤〔Enter〕鍵。

STEP**05** 點選〔第 3 個〕投影片搜尋結果圖，按下〔插入〕按鈕。

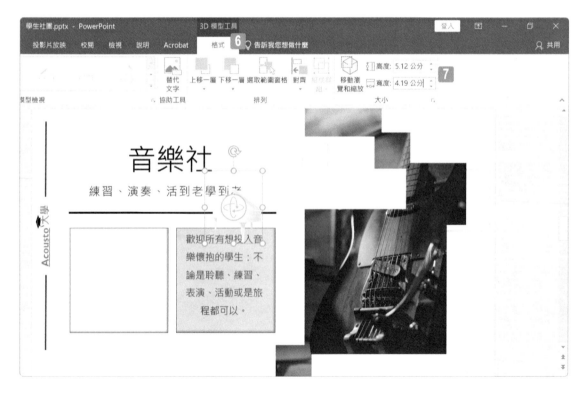

STEP**06** 視窗上方功能區裡立即顯示〔3D 模型工具〕，點按其下方的〔格式〕索引標籤。

STEP**07** 點按〔大小〕群組，設定高度為「**5.12**」公分及寬度為「**4.19**」公分。

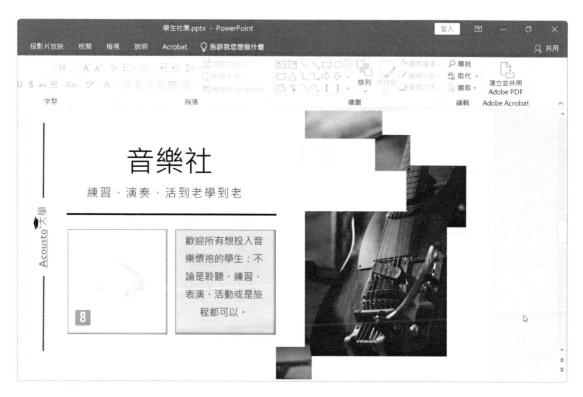

STEP **08** 拖曳圖案置於左側的空白矩形中。

補充說明：若考試時有指定資料夾中的物件，則選擇 [3D 模型] 右側下拉選項中的 [從檔案] 來選取物件。

在〔第 4 張〕投影片上，將項目符號清單的動畫效果方向設為〔自左〕，並將期間設為「2 秒」。

評量領域：套用轉場和動畫

評量目標：動畫應用

評量技能：動畫期間設定

解題步驟

STEP**01** 點選〔第 4 張〕投影片，點選〔項目符號清單〕的文字方塊。

STEP**02** 點按〔動畫〕索引標籤。

STEP**03** 點按〔動畫〕群組裡的〔效果選項〕的下拉式選單。

STEP 04　從展開的選單中點選〔自左〕選項。

STEP 05　點按〔預存時間〕群組裡的〔期間〕設定為「02.00」。

| 1 | 2 | 3 | 4 | 5 | 6 |

針對所有投影片，將轉場的持續時間設為「2.5 秒」。

評量領域：套用轉場和動畫

評量目標：轉場

評量技能：設定持續時間

解題步驟

STEP01　點選視窗左側的縮圖區中任何一張投影片，按住鍵盤 Ctrl 按鍵不放，
　　　　再按一下 A 按鍵，以達到全選所有投影片的效果。

STEP02　點按〔轉場〕索引標籤。

STEP03　點按〔預存時間〕群組裡的〔持續時間〕設定為「02.50」。

模擬試題 II

此小節設計了一組包含 **PowerPoint** 各項必備基礎
技能的評量實作題目,可以協助讀者順利挑戰各種與
PowerPoint 相關的基本認證考試,共計有 **6** 個專案,每
個專案包含 **5 ∼ 6** 項任務。

專案 **1** 自行車

您是 Brave Works 單車公司的行銷企劃，正在完成一份有節縮放的互動式簡報，在每張投影片加入報告日期及公司網站資料，並調整 3D 模型及其動畫，增加簡報的活潑度。

| 1 | 2 | 3 | 4 | 5 | 6 |

請在投影片上插入〔頁尾〕，顯示日期及時間和「www.Brave-works.com」。將頁尾套用至標題投影片之外的所有投影片。

評量領域：管理投影片
評量目標：頁首及頁尾
評量技能：日期及時間和頁尾

解題步驟

STEP**01** 開啟簡報檔案。

STEP**02** 點按〔插入〕索引標籤。

STEP**03** 點按〔文字〕群組裡的〔頁首及頁尾〕命令按鈕。

STEP**04** 開啟〔頁首及頁尾〕對話方塊，勾選〔日期及時間〕。

STEP**05** 勾選〔頁尾〕輸入文字「www.Brave-works.com」。

STEP**06** 勾選〔標題投影片中不顯示〕，並按下〔全部套用〕按鈕。

在〔第8張〕投影片上，將項目符號清單格式化成以〔兩欄〕的方式顯示。

評量領域：管理投影片

評量目標：段落功能

評量技能：新增或移除欄

解題步驟

STEP **01** 點選〔第 8 張〕投影片，點選〔項目符號清單〕的文字方塊。

STEP **02** 點按〔常用〕索引標籤。

STEP **03** 點按〔段落〕群組裡的〔新增或移除欄〕命令按鈕。

STEP **04** 從展開的下拉式功能選單中點選〔兩欄〕功能選項。

STEP **05** 完成結果如下圖。

在第 2 張投影片上，插入〔節 2：商品與服務〕、〔節 3：俱樂部與團隊〕和〔節 4：洽詢我們〕的節縮放連結。重新調整這些章節縮圖的位置，使其位於褐色矩形內，並且不會互相重疊。

縮圖的確切順序和位置不重要。

評量領域：插入和格式化文字、圖案及影像
評量目標：超連結互動效果
評量技能：節縮放

解題步驟

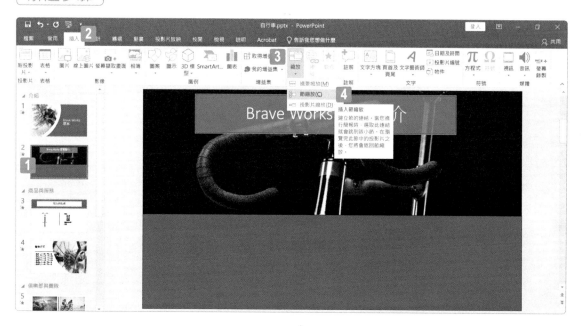

STEP01　點選〔第 2 張〕投影片。

STEP02　點按〔插入〕索引標籤。

STEP03　點按〔連結〕群組裡的〔縮放〕下拉式選單。

STEP04　從展開的下拉式功能選單中點選〔節縮放〕功能選項。

STEP 05 　開啟〔插入節縮放〕對話方塊，勾選〔節 2：商品與服務〕投影片。

STEP 06 　勾選〔節 3：俱樂部與團隊〕投影片。

STEP 07 　勾選〔節 4：洽詢我們〕投影片，按下〔插入〕按鈕。

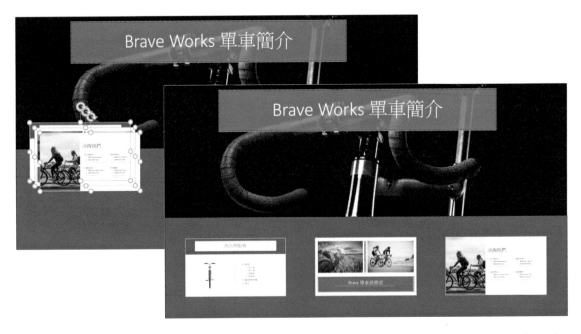

STEP 08 　拖曳調整這些節縮圖的位置，使其位於褐色矩形內，並且不會互相重疊。

① ── ② ── ③ ── ④ ── ⑤ ── ⑥

在〔第 3 張〕投影片上，將 3D 模型的檢視變更為〔右〕。

評量領域：插入表格、圖表、SmartArt、3D 模型和媒體
評量目標：3D 模型工具
評量技能：設定檢視及大小

解題步驟

STEP**01**　點選〔第 3 張〕投影片，點選 3D 模型。

STEP**02**　視窗上方功能區裡立即顯示〔3D 模型工具〕，點按其下方的〔格式〕
　　　索引標籤。

STEP**03**　點按〔3D 模型檢視〕群組裡的〔右〕選項。

| 1 | 2 | 3 | 4 | 5 | 6 |

針對所有投影片，將轉場的效果選項設為〔自左上角〕。

評量領域：套用轉場和動畫

評量目標：轉場

評量技能：效果選項

解題步驟

STEP**01** 點選視窗左側的縮圖區中任何一張投影片，按住鍵盤 **Ctrl** 按鍵不放，再按一下 **A** 按鍵，以達到全選所有投影片的效果。

STEP**02** 點按〔轉場〕索引標籤。

STEP**03** 點按〔切換到此投影片〕群組裡的〔效果選項〕的下拉式選單。

STEP**04** 從展開的選單中點選〔自左上角〕選項。

1 — 2 — 3 — 4 — 5 — 6

在〔第 3 張〕投影片上，將〔搖擺〕動畫效果套用到 3D 模型。

評量領域：套用轉場和動畫
評量目標：動畫應用
評量技能：新增 3D 動畫

解題步驟

STEP **01** 　點選〔第 3 張〕投影片，點選 3D 模型。

STEP **02** 　點按〔動畫〕索引標籤。

STEP **03** 　點按〔進階動畫〕群組裡的〔新增動畫〕下拉式選單。

STEP **04** 從展開的下拉式功能選單中點選〔3D〕類別中的〔搖擺〕動畫。

專案 **2** 美術學校

您是學生會的迎新主辦小組成員，想將 2 份簡報合併成 1 份，套用圖片的美術效果，再設定列印輸出成講義，來告訴美術學校的新生有關大學學程的相關訊息。

1 ——— 2 ——— 3 ——— 4 ——— 5 ——— 6

請在投影片母片上，複製〔空白〕投影片版面配置。將新投影片版面配置命名為「文字及圖片」。在左側插入〔文字版面配置區〕，並在右側插入〔圖片版面配置區〕。

評量領域：管理簡報
評量目標：投影片母片
評量技能：插入版面配置區

解題步驟

STEP**01** 開啟〔美術學校〕簡報檔案。

STEP**02** 點按〔檢視〕索引標籤。

STEP**03** 點按〔母片檢視〕群組裡的〔投影片母片〕命令按鈕。

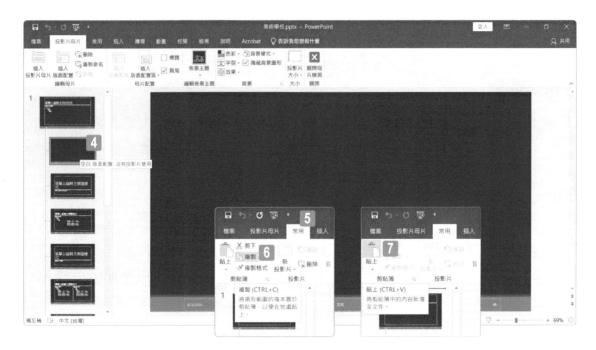

STEP 04　在視窗左側的縮圖區，點選〔空白〕版面配置。

STEP 05　點按〔常用〕索引標籤。

STEP 06　點按〔剪貼簿〕群組裡的〔複製〕命令按鈕。

STEP 07　點按〔剪貼簿〕群組裡的〔貼上〕命令按鈕的上半部按鈕。

STEP 08　點按〔投影片母片〕索引標籤。

STEP 09　點按〔編輯母片〕群組裡的〔重新命名〕命令按鈕。

STEP**10** 開啟〔重新命名版面配置〕對話方塊，輸入文字「文字及圖片」。

STEP**11** 點按〔重新命名〕按鈕。

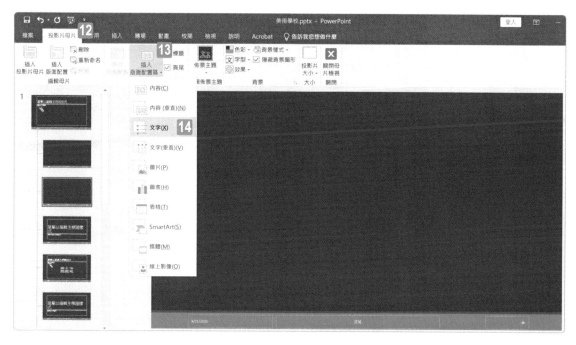

STEP**12** 點按〔投影片母片〕索引標籤。

STEP**13** 點按〔母片配置〕群組裡的〔插入版面配置區〕的下拉式選單。

STEP**14** 從展開的下拉式功能選單中點選〔文字〕版面配置區功能選項。

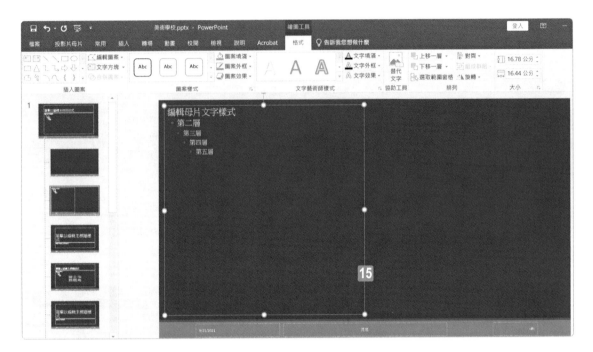

STEP **15** 在版面配置的左側，拖曳出一個適度的圖形大小。

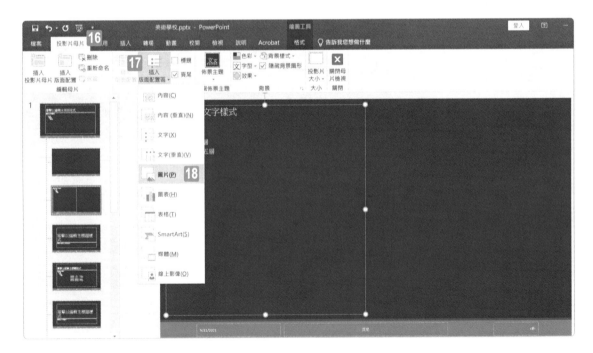

STEP **16** 點按〔投影片母片〕索引標籤。

STEP **17** 點按〔母片配置〕群組裡的〔插入版面配置區〕的下拉式選單。

STEP **18** 從展開的下拉式功能選單中點選〔圖片〕版面配置區功能選項。

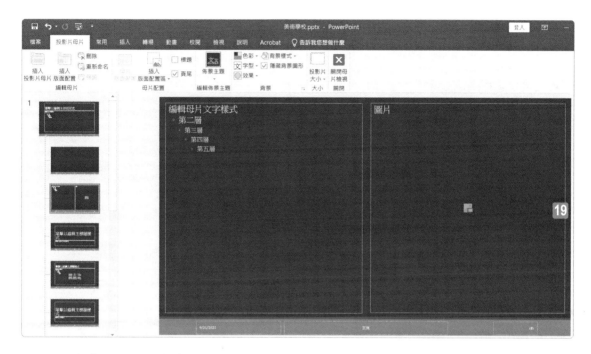

STEP19 在版面配置的右側，拖曳出一個適度的圖形大小。

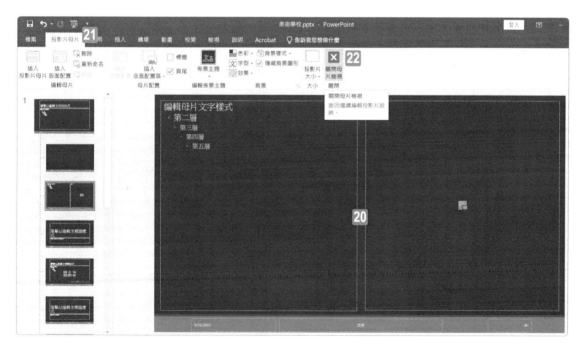

STEP20 插入版面配置區後完成效果如上。

STEP21 點按〔投影片母片〕索引標籤。

STEP22 點按〔關閉〕群組裡的〔關閉母片檢視〕命令按鈕。

| 1 | 2 | 3 | 4 | 5 | 6 |

設定列印選項，將〔講義〕的〔3 張投影片〕列印〔四份〕。設定列印順序為第 1 頁全部列印出來後，才列印第 2 頁（依此類推）。

評量領域：管理簡報

評量目標：使用列印功能

評量技能：設定列印選項講義

解題步驟

STEP01　點按〔檔案〕索引標籤。

STEP02　進入後台管理頁面，點按〔列印〕選項。

STEP03　點按〔份數〕設定為「4」。

STEP**04**　點按〔全頁投影片〕的下拉式選單，選擇〔講義〕的〔3 張投影片〕
選項。

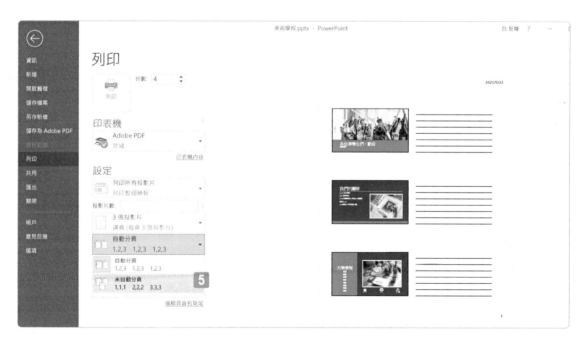

STEP**05**　點按〔自動分頁〕的下拉式選單，選擇「未自動分頁」選項。

| 1 | 2 | 3 | 4 | 5 | 6 |

在簡報的結尾，插入〔文件〕資料夾中〔學院〕簡報的投影片。

在您插入投影片之後，第 6 張投影片應該會是〔探索你的學院〕，並且第 7 張投影片應該會是〔展現你的作品集〕。

評量領域：插入和格式化文字、圖案及影像

評量目標：插入投影片

評量技能：重複使用投影片

解題步驟

STEP**01** 點選〔第 5 張〕投影片的下方。

STEP**02** 點按〔常用〕索引標籤。

STEP**03** 點按〔投影片〕群組裡的〔新投影片〕命令按鈕的下半部按鈕。

STEP**04** 從展開的下拉式功能選單中點選〔重複使用投影片〕功能選項。

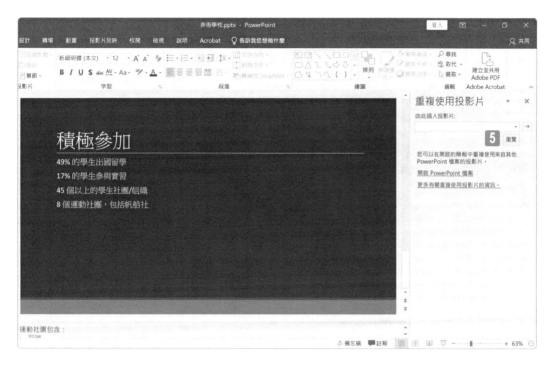

STEP**05** 視窗右側會開啟〔重複使用投影片〕工作窗格,點按〔瀏覽〕命令
按鈕。

STEP**06** 開啟〔瀏覽〕對話方塊,點選檔案路徑。

STEP**07** 點選〔學院〕簡報檔。

STEP**08** 點按〔開啟〕按鈕。

STEP**09** 視窗右側〔重複使用投影〕工作窗格，取消勾選〔使用來源格式設定〕選預。

STEP**10** 視窗右側〔重複使用投影〕工作窗格，點選〔第 1 張投影片〕，使其成為第 6 張投影片〔探索你的學院〕

STEP**11** 視窗右側〔重複使用投影〕工作窗格，點選〔第 2 張投影片〕，使其成為第 7 張投影片〔展現你的作品集〕

STEP**12** 關閉視窗

1 — **2** — **3** — **4** — **5** — **6**

在〔我們的團隊〕投影片上，針對影像套用〔金屬圓角矩形〕圖片樣式，以及〔散發的光暈〕美術效果。

評量領域：插入和格式化文字、圖案及影像

評量目標：圖片工具

評量技能：圖片樣式、美術效果

解題步驟

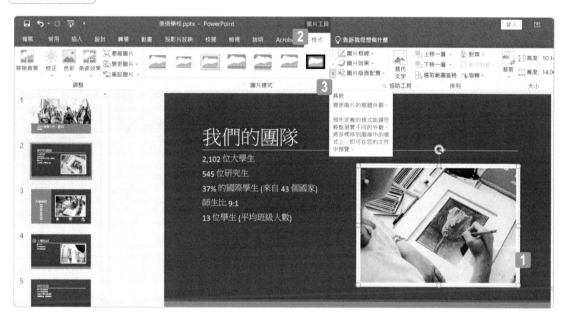

STEP**01** 點選〔第 2 張〕投影片,點選右邊的影像。

STEP**02** 視窗上方功能區裡立即顯示〔圖片工具〕,點按其下方的〔格式〕索引標籤。

STEP**03** 點按〔圖片樣式〕群組裡的〔其他〕命令按鈕。

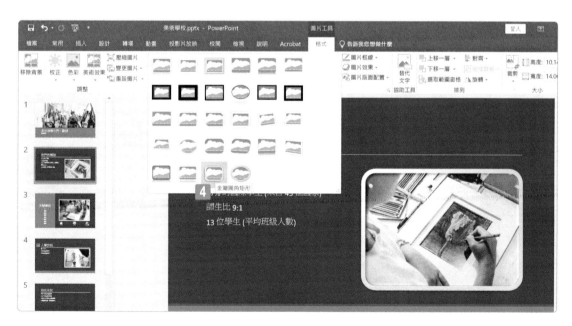

STEP**04** 從展開的選單中點選〔金屬圓角矩形〕圖片樣式。

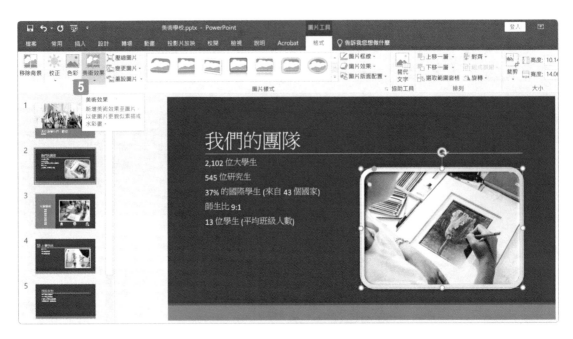

STEP **05** 點按〔調整〕群組裡的〔美術效果〕命令按鈕。

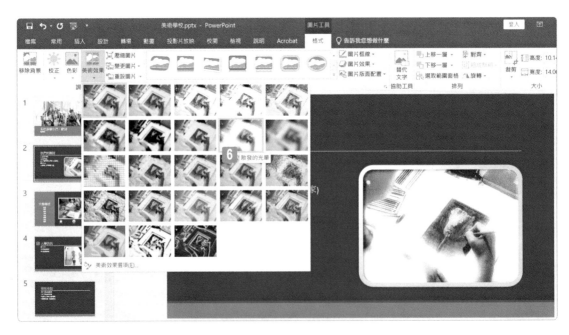

STEP **06** 從展開的選單中點選〔散發的光暈〕美術效果。

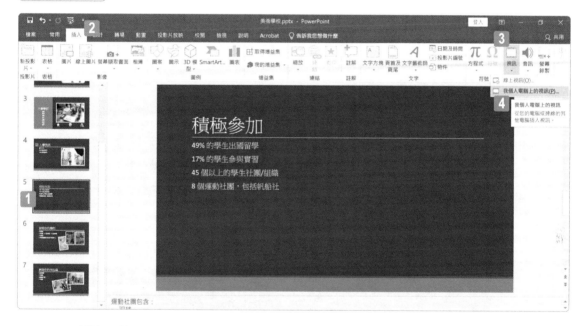

在〔積極參加〕投影片上，插入〔影片〕資料夾中的〔帆船活動〕影片。
將影片放在投影片的〔右下角〕。

影片的確切大小和位置不重要。

評量領域：插入表格、圖表、SmartArt、3D 模型和媒體
評量目標：視訊工具
評量技能：插入視訊

解題步驟

STEP01　點選〔第 5 張〕〔積極參加〕投影片。

STEP02　點按〔插入〕索引標籤。

STEP03　點按〔媒體〕群組裡的〔視訊〕下拉式選單。

STEP04　從展開的下拉式功能選單中點選〔我個人電腦上的視訊〕功能選項。

STEP **05**　開啟〔插入視訊〕對話方塊，點選檔案路徑。

STEP **06**　點選〔帆船活動〕影片檔。

STEP **07**　點按〔插入〕按鈕。

STEP **08**　點按此影片檔縮圖，並移至投影片的〔右下角〕。

在〔入學快訊〕投影片上,設定核取記號圖示套用〔左斜〕移動路徑動畫。

評量領域:套用轉場和動畫

評量目標:動畫應用

評量技能:新增移動路徑動畫

解題步驟

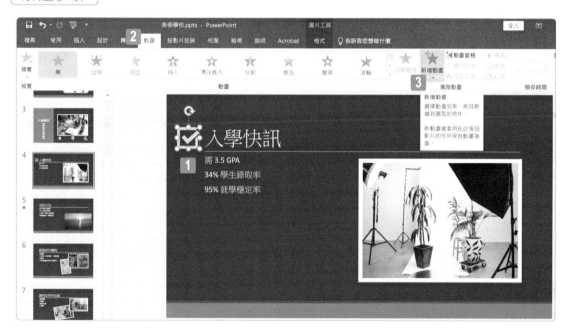

STEP01　點選〔第 4 張〕〔入學快訊〕投影片,核取記號圖示。

STEP02　點按〔動畫〕索引標籤。

STEP03　點按〔進階動畫〕群組裡的〔新增動畫〕下拉式選單。

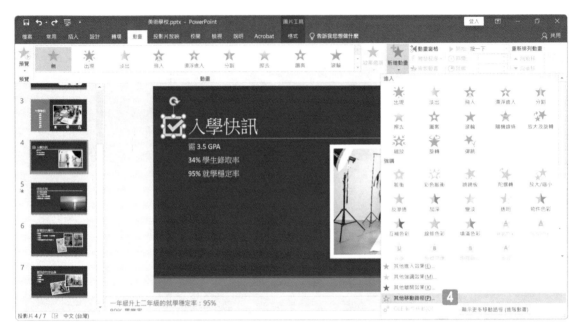

STEP**04** 從展開的下拉式功能選單中點選〔其他移動路徑〕功能選項。

STEP**05** 開啟〔新增移動路徑〕對話方塊，點選〔線條及曲線〕類別的〔左斜〕。

STEP**06** 點按〔確定〕按鈕。

專案**3** 景觀

您是景觀部的設計師，想做一份包含章節、SmartArt 清單、及醒目提示的重點簡報，並藉由 3D 圖案及轉場動畫增添趣味性，來講述您的景觀產品設計理念。

請建立名為〔構想〕的章節，其中只包含第 3 張、第 4 張和第 5 張投影片。

評量領域：管理投影片
評量目標：章節功能
評量技能：新增與重新命名章節

解題步驟

STEP**01** 開啟簡報檔案。

STEP**02** 點選〔第 3 張〕投影片。

STEP**03** 點按〔常用〕索引標籤。

STEP**04** 點按〔投影片〕群組裡的〔章節〕的下拉式選單。

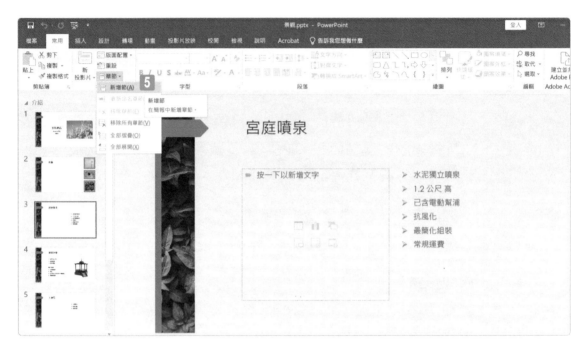

STEP 05 　從展開的下拉式功能選單中點選〔新增節〕功能選項。

STEP 06 　開啟〔重新命名章節〕對話方塊，輸入文字「構想」。

STEP 07 　點按〔重新命名〕按鈕。

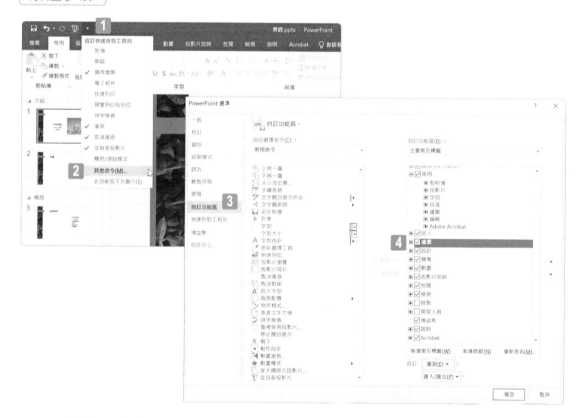

在〔第 6 張〕投影片上，使用繪圖索引標籤上的工具，將〔？？？？？〕文字以〔亮綠色，8 公釐〕螢光筆醒目提示，大致如下所示：

➡ 開花時間：？？？？

評量領域：插入和格式化文字、圖案及影像
評量目標：格式化文字
評量技能：繪圖工具

解題步驟

STEP01　點按視窗左上方〔自訂快速存取工具列〕下拉式選單。

STEP02　從展開的下拉式功能選單中點選〔其他命令〕功能選項。

STEP03　開啟〔PowerPoint 選項〕對話方塊，在視窗左側點選〔自訂功能區〕。

STEP04　視窗右側〔自訂功能區〕勾選〔繪圖〕功能區選項，點按〔確定〕按鈕。

> 註：若軟體初始設定已開啟〔繪圖〕索引標籤，可省略 1-4 步驟。

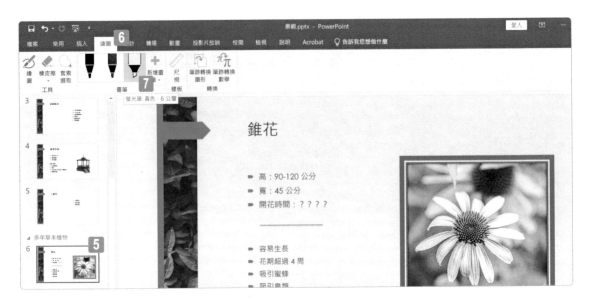

STEP05 點選〔第 6 張〕投影片。

STEP06 點按〔繪圖〕索引標籤。

STEP07 點按〔畫筆〕群組裡的〔螢光筆：黃色，6 公釐〕選項。

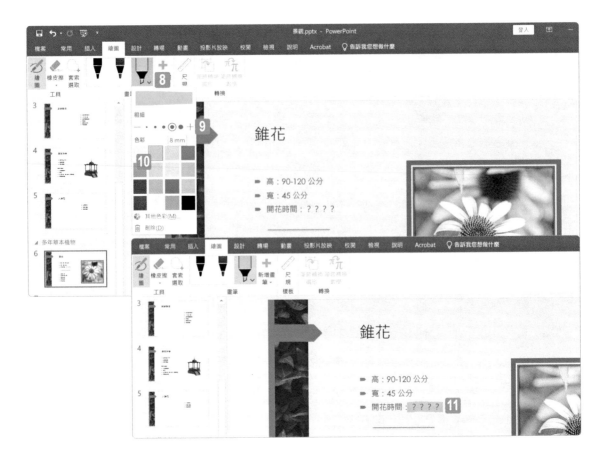

STEP**08**　點按〔螢光筆：黃色，6 公釐〕的下拉式選單。

STEP**09**　從展開的下拉式功能選單中點選〔粗細〕類別的〔8mm〕功能選項。

STEP**10**　從展開的下拉式功能選單中點選〔色彩〕類別的〔亮綠色〕功能選項。

STEP**11**　使用滑鼠左鍵拖曳，繪製醒目提示於文字〔？？？？？〕上。

　　1　──　**2**　──　**3**　──　**4**　──　**5**　──　**6**

在〔第 2 張〕投影片上，於內容版面配置區內，插入〔垂直方塊清單〕
SmartArt 圖形。將第一個形狀標記為「構想」，並將第二個形狀標記為
「多年草本植物」。刪除任何未使用的形狀。

評量領域：插入表格、圖表、SmartArt、3D 模型和媒體
評量目標：SmartArt 工具
評量技能：插入 SmartArt 圖形

解題步驟

STEP**01**　點選〔第 2 張〕投影片。

STEP**02**　點選〔內容版面配置區〕的，〔插入 SmartArt 圖形〕。

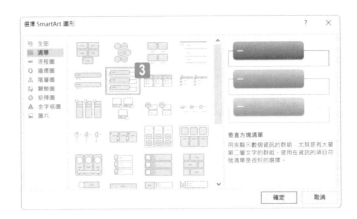

STEP03 開啟〔選擇 SmartArt 圖形〕對話方塊，點選〔清單〕的〔垂直方塊清單〕選項，並按下〔確定〕按鈕。

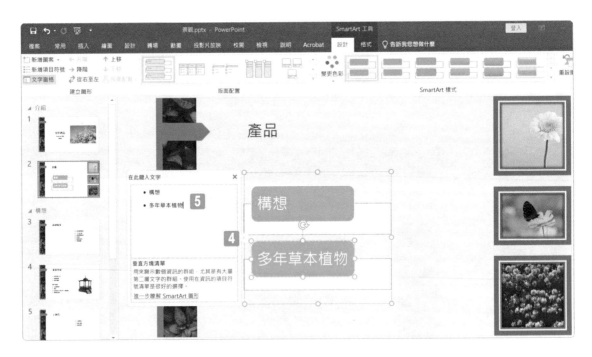

STEP04 點選〔文字窗格〕按鈕。

STEP05 開啟〔在此鍵入文字〕對話方塊，依序輸入文字「構想」和「多年草本植物」。

STEP06 刪除多餘空白段落。

在〔第 3 張〕投影片上，插入 3D 模型並搜尋名稱為「fountain」，選擇〔第 4 個〕搜尋結果圖。將模型大小重新調整成「10.3 公分」的高度。將模型放在項目符號清單的左側。

模型的確切位置不重要。

評量領域：插入表格、圖表、SmartArt、3D 模型和媒體
評量目標：3D 模型工具
評量技能：插入 3D 模型工具

解題步驟

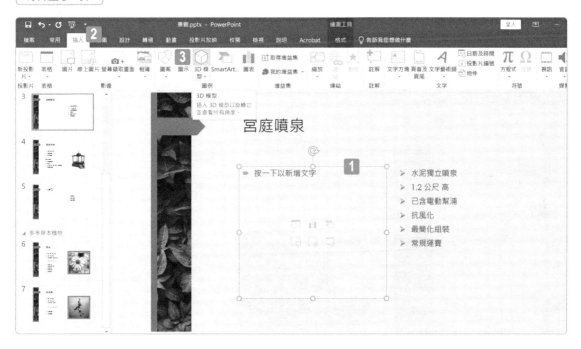

STEP01　點選〔第 3 張〕投影片，點選左側〔內容版面配置區〕。

STEP02　點按〔插入〕索引標籤。

STEP03　點按〔圖例〕群組裡的〔3D 模型〕命令按鈕的上半部按鈕。

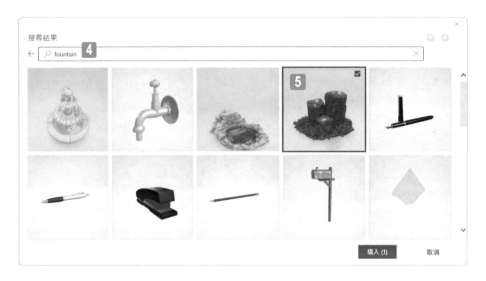

STEP **04** 開啟對話方塊，輸入文字「**fountain**」並按下鍵盤〔Enter〕鍵。

STEP **05** 點選〔第 4 個〕投影片搜尋結果圖，按下〔插入〕按鈕。

STEP **06** 視窗上方功能區裡立即顯示〔3D 模型工具〕，點按其下方的〔格式〕索引標籤。

STEP **07** 點按〔大小〕群組，設定高度為「**10.3**」公分。

STEP **08** 拖曳模型，將其放在項目符號清單的左側。

將效果選項為〔自右〕的〔推入〕投影片轉場效果套用到所有投影片。

評量領域：套用轉場和動畫

評量目標：轉場

評量技能：設定切換到此投影片

解題步驟

STEP**01** 點選視窗左側的縮圖區中任何一張投影片，按住鍵盤 **Ctrl** 按鍵不放，再按一下 **A** 按鍵，以達到全選所有投影片的效果。

STEP**02** 點按〔轉場〕索引標籤。

STEP**03** 點按〔切換到此投影片〕群組裡的〔其他〕命令按鈕。

STEP04 從展開的選單中點選〔輕微〕類別的〔推入〕選項。

STEP05 點按〔切換到此投影片〕群組裡〔效果選項〕的下拉式選單。

STEP06 從展開的選單中點選〔自右〕選項。

1 ─ **2** ─ **3** ─ **4** ─ **5** ─ 6

在〔第 4 張〕投影片上,將〔滾輪〕動畫新增到〔涼亭〕影像。

評量領域:套用轉場和動畫

評量目標:動畫應用

評量技能:新增進入動畫及效果選項

解題步驟

STEP**01** 點選〔第 4 張〕投影片,點選涼亭影像。

STEP**02** 點按〔動畫〕索引標籤。

STEP**03** 點按〔進階動畫〕群組裡的〔新增動畫〕的下拉式選單。

STEP **04** 從展開的下拉式功能選單中點選〔進入〕類別中的〔滾輪〕動畫。

專案 **4** ## 螢幕使用時間

您正在準備 Shadow 研發公司的螢幕使用時間簡報,隱藏不需要的簡報,加入超連結、使用 SmartArt 圖形及圖表的清楚表達,來完成一份精彩的報告。

請隱藏〔第 5 張〕投影片。

評量領域:管理投影片
評量目標:編輯投影片
評量技能:隱藏投影片

解題步驟

STEP **01** 開啟簡報檔案。

STEP **02** 點選〔第 5 張〕投影片,並按下滑鼠右鍵。

STEP **03** 從展開的功能選單中點選〔隱藏投影片〕功能選項。

1 ─── **2** ─── **3** ─── **4** ─── **5** ─── **6**

在〔第 1 張〕投影片上，針對文字〔Shadow 研究〕插入前往「http://www.shadow.net」的超連結。

評量領域：插入和格式化文字、圖案及影像
評量目標：超連結互動效果
評量技能：超連結

解題步驟

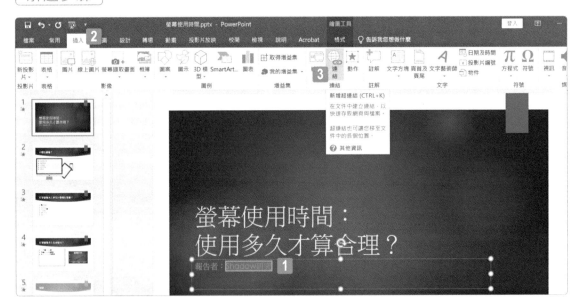

STEP**01** 點選〔第 1 張〕投影片，選取文字〔Shadow 研究〕。

STEP**02** 點按〔插入〕索引標籤。

STEP**03** 點按〔連結〕群組裡的〔連結〕命令按鈕。

STEP**04**
開啟〔插入超連結〕對話方塊，點選〔網址〕輸入文字「http://www.shadow.net」。

STEP**05**
按下〔確定〕按鈕。

在〔第 2 張〕投影片上，調整畫面影像的堆疊順序，讓〔智慧型手機〕位於前方、〔平板電腦〕位於中間，〔桌上型螢幕〕則位於後方。

評量領域：插入和格式化文字、圖案及影像

評量目標：圖片工具

評量技能：排列

解題步驟

STEP**01** 點選〔第 2 張〕投影片。

STEP**02** 點按〔智慧型手機〕圖片。

STEP**03** 視窗上方功能區裡立即顯示〔圖片工具〕，點按其下方的〔格式〕索引標籤。

STEP**04** 點按〔排列〕群組裡的〔上移一層〕右側的下拉式選單。

STEP**05** 展開的下拉式功能選單中點選〔移到最上層〕功能選項。

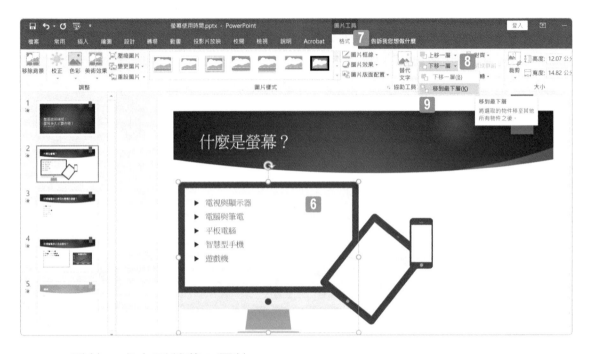

STEP**06** 點按〔桌上型螢幕〕圖片。

STEP**07** 視窗上方功能區裡立即顯示〔圖片工具〕，點按其下方的〔格式〕索引標籤。

STEP**08** 點按〔排列〕群組裡的〔下移一層〕右側的下拉式選單。

STEP**09** 展開的下拉式功能選單中點選〔移到最下層〕功能選項。

〔第 4 張〕投影片上，將圖表類型變更為〔群組直條圖〕圖表。

評量領域：插入表格、圖表、SmartArt、3D 模型和媒體

評量目標：圖表工具

評量技能：變更圖表

解題步驟

STEP **01** 點選〔第 4 張〕投影片，點選圖表。

STEP **02** 視窗上方功能區裡立即顯示〔圖表工具〕，點按其下方的〔設計〕索引標籤。

STEP **03** 點按〔類型〕群組裡的〔變更圖表類型〕按鈕。

STEP **04** 開啟〔變更圖表類型〕對話方塊，點選〔直條圖〕的〔群組直條圖〕選項，並按下〔確定〕按鈕。

STEP **05** 完成結果如下圖。

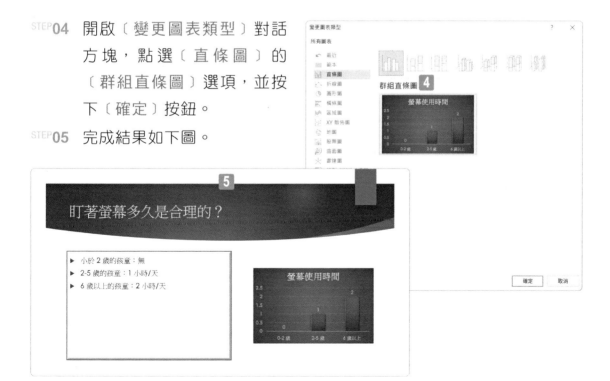

在〔第 3 張〕投影片上，將項目符號清單轉換成〔區段流程圖〕SmartArt 圖形。

評量領域：插入表格、圖表、SmartArt、3D 模型和媒體
評量目標：SmartArt 工具
評量技能：文字轉換成 SmartArt

解題步驟

STEP 01 　點選〔第 3 張〕投影片，點選〔項目符號清單〕的文字方塊。

STEP 02 　點按〔常用〕索引標籤。

STEP 03 　點按〔段落〕群組裡的〔轉換成 SmartArt〕命令按鈕。

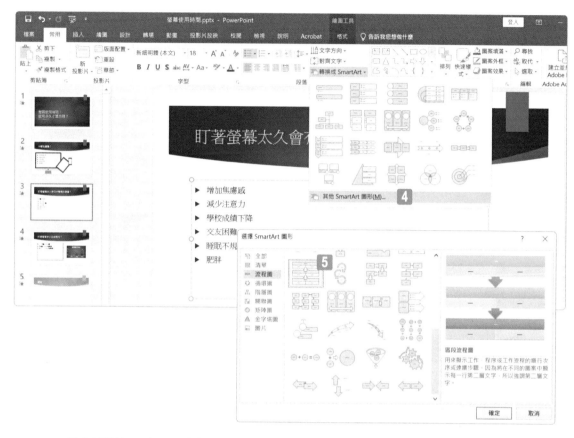

STEP04 從展開的下拉式功能選單中點選〔其他 SmartArt 圖形〕功能選項。

STEP05 開啟〔選擇 SmartArt 圖形〕對話方塊，點選〔流程圖〕的〔區段流程圖〕選項，並按下〔確定〕按鈕。

STEP06 完成結果如下圖。

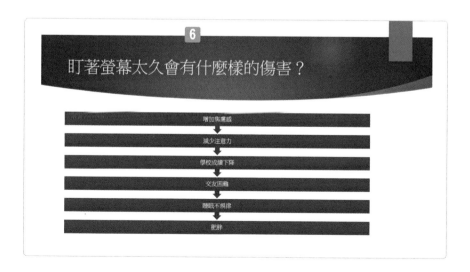

1 ─ **2** ─ **3** ─ **4** ─ **5** ─ **6**

針對所有投影片,將轉場的持續時間設為〔2秒〕。

評量領域:套用轉場和動畫

評量目標:轉場

評量技能:設定持續時間

〔解題步驟〕

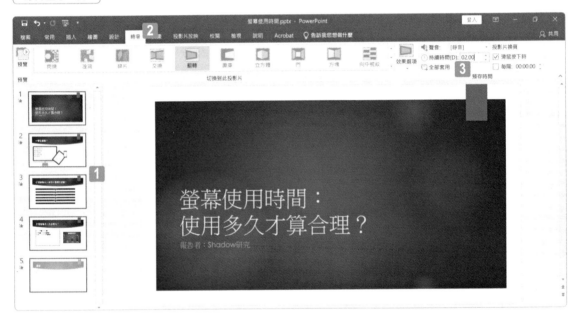

STEP**01** 點選視窗左側的縮圖區中任何一張投影片,按住鍵盤 **Ctrl** 按鍵不放,
再按一下 **A** 按鍵,以達到全選所有投影片的效果。

STEP**02** 點按〔轉場〕索引標籤。

STEP**03** 點按〔預存時間〕群組裡的〔持續時間〕設定為「02.00」。

專案 5　旅遊

您是一位 Manda's 旅行社的行銷部經理，正在製作新的行銷提案，使用文字匯入投影片的方式，可以節省打字的時間，再調整表格及設定圖案大小，能在會議報告中，更清楚的表達內容。

請在檔案屬性中，添增「旅遊假期」至〔類別〕。

評量領域：管理簡報

評量目標：摘要資訊

評量技能：設定檔案屬性

解題步驟

STEP **01**　開啟簡報檔案。

STEP **02**　點按〔檔案〕索引標籤。

STEP **03**　進入後台管理頁面，點按〔資訊〕選項。

STEP **04**　在視窗右側〔摘要資訊〕相關欄位中，在〔類別〕欄位，輸入文字「旅遊假期」。

在〔其他活動〕投影片之後，透過匯入〔文件〕資料夾中的〔目標〕文件為大綱來建立投影片。

評量領域：插入和格式化文字、圖案及影像

評量目標：插入文字檔

評量技能：大綱插入投影片

解題步驟

STEP**01**　點選〔第 4 張〕〔其他活動〕投影片的下方。

STEP**02**　點按〔常用〕索引標籤。

STEP**03**　點按〔投影片〕群組裡的〔新投影片〕命令按鈕的下半部按鈕。

STEP**04**　從展開的下拉式功能選單中點選〔從大綱插入投影片〕功能選項。

^{STEP}**05** 開啟〔插入大綱〕對話方塊,點選檔案路徑。

^{STEP}**06** 點選〔目標〕文字檔。

^{STEP}**07** 點按〔插入〕按鈕。

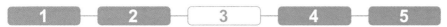

在〔旅行目的地〕投影片上,為影像新增替代文字描述內容為「沙灘」。

評量領域:插入和格式化文字、圖案及影像

評量目標:圖片工具

評量技能:新增替代文字

解題步驟

STEP 01　點選〔第 2 張〕〔旅行目的地〕投影片。

STEP 02　點選〔右側〕的影像。

STEP 03　視窗上方功能區裡立即顯示〔圖片工具〕，點按其下方的〔格式〕索引標籤。

STEP 04　點按〔協助工具〕群組裡的〔替代文字〕命令按鈕。

STEP 05　視窗右側會開啟〔替代文字〕工作窗格，在空白欄位中輸入文字「沙灘」。

STEP 06　關閉視窗。

在〔其他活動〕投影片的表格結尾插入一列。在該列上，於〔活動〕欄中輸入「運動比賽」，並在〔價格〕欄中輸入「$180」元。

評量領域：插入表格、圖表、SmartArt、3D 模型和媒體
評量目標：表格工具
評量技能：插入列

解題步驟

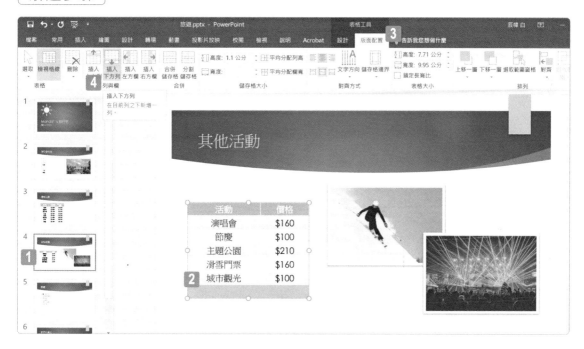

STEP **01** 點選〔第 4 張〕〔其他活動〕投影片。

STEP **02** 點選表格中，〔城市觀光〕的儲存格。

STEP **03** 視窗上方功能區裡立即顯示〔表格工具〕，點按其下方的〔版面配置〕索引標籤。

STEP **04** 點按〔列與欄〕群組裡的〔插入下方列〕功能選項。

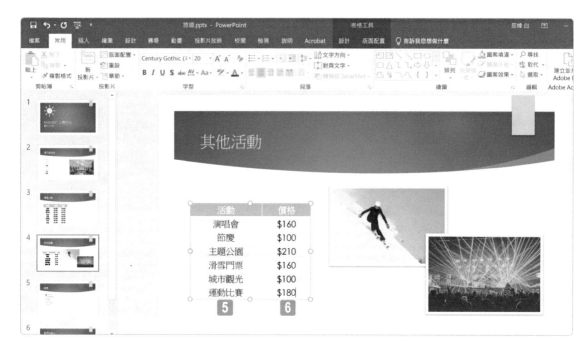

STEP**05** 於〔活動〕欄中的空白儲存格，輸入文字「運動比賽」。

STEP**06** 於〔價格〕欄中的空白儲存格，輸入文字「$180」。

在〔價格比較〕投影片上，於內容版面配置區內建立〔立體群組橫條圖〕，
單純顯示表格的內容。

您可以複製並貼上，也可以在圖表的工作表上手動輸入表格資料。

評量領域：插入表格、圖表、SmartArt、3D 模型和媒體

評量目標：圖表工具

評量技能：插入圖表

解題步驟

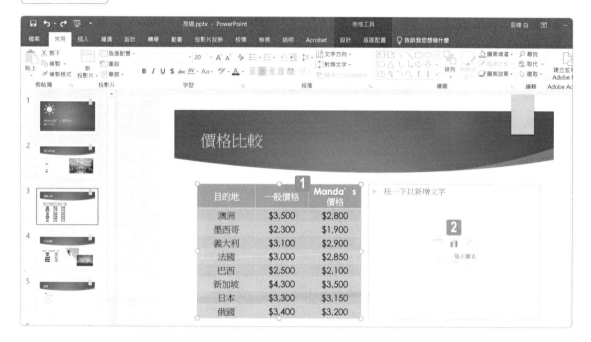

STEP 01　點選〔第 3 張〕〔價格比較〕投影片，選取整張表格，並複製表格內容。

STEP 02　點選〔右側版面配置區〕的，〔插入圖表〕命令按鈕。

STEP 03　開啟〔插入圖表〕對話方塊，點選〔橫條圖〕的〔立體群組橫條圖〕選項，並按下〔確定〕按鈕。

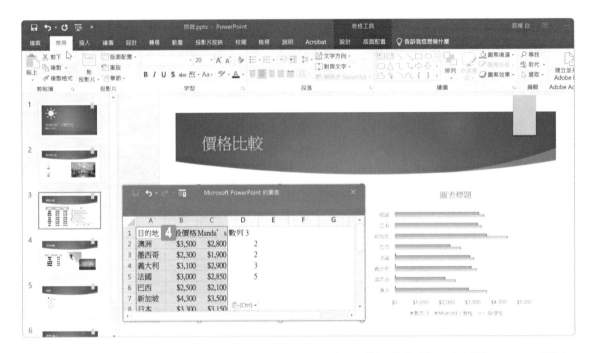

STEP **04** 開啟〔Microsoft PowerPoint 的圖表〕對話方塊，點選〔A1〕儲存格，貼上資料。

> 註：貼上表格資料時，無論是純文字貼上，或帶有原本表格的格式貼上，均可以得分。

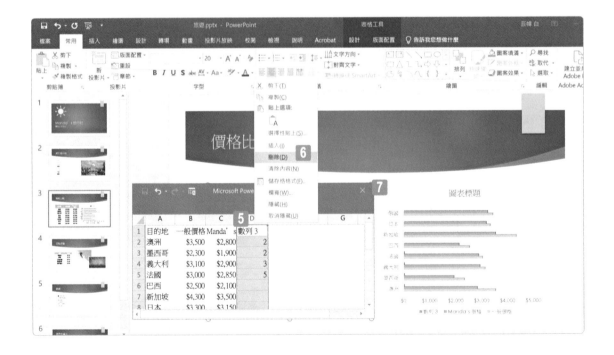

STEP 05　點選整個 D 欄位，並按下滑鼠右鍵。

STEP 06　從展開的下拉式功能選單中點選〔刪除〕功能選項。

STEP 07　關閉視窗。

STEP 08　完成結果如下圖。

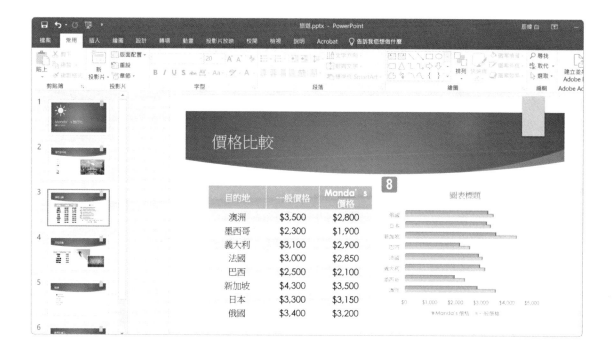

專案 6 食譜

這是一個烹飪課的食譜簡報，你是一個甜點師傅，我們透過母片及投影片放映的設定，快速修改整份簡報，並移除個人的相關資訊，以便日後能分享給其他學習甜點的烘焙者。

| 1 | 2 | 3 | 4 | 5 | 6 |

請在投影片母片的〔配方〕版面配置上，將第一層的項目符號變更為使用〔圖片〕資料夾中的〔核取方塊〕影像。

評量領域：管理簡報

評量目標：投影片母片

評量技能：變更項目符號

解題步驟

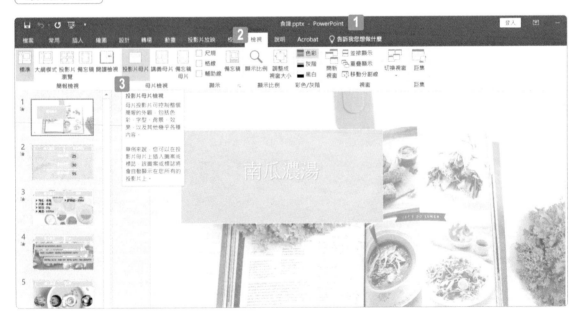

STEP 01　開啟簡報檔案。

STEP 02　點按〔檢視〕索引標籤。

STEP 03　點按〔母片檢視〕群組裡的〔投影片母片〕命令按鈕。

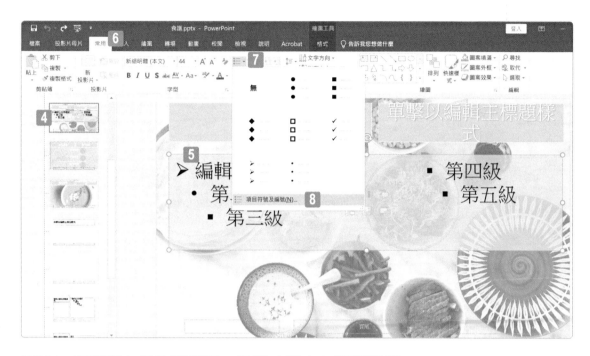

STEP**04** 在視窗左側的縮圖區,點選〔配方〕版面配置。

STEP**05** 點選〔編輯主文字樣式〕段落

> 註:可以將游標置於項目符號及文字編號之間

STEP**06** 點按〔常用〕索引標籤。

STEP**07** 點按〔段落〕群組裡的〔項目符號〕右側的下拉式選單。

STEP**08** 從展開的下拉式功能選單中點選〔項目符號及編號〕功能選項。

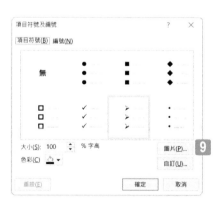

STEP**09** 開啟〔項目符號及編號〕對話方塊,點選〔圖片〕選項。

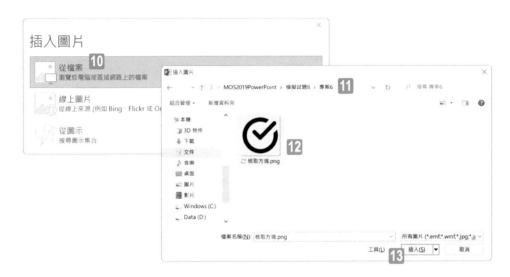

STEP**10** 開啟〔插入圖片〕對話方塊，點選〔從檔案〕選項。

STEP**11** 開啟〔插入圖片〕對話方塊，點選檔案路徑。

STEP**12** 點選〔核取方塊〕圖片檔。

STEP**13** 點按〔插入〕按鈕。

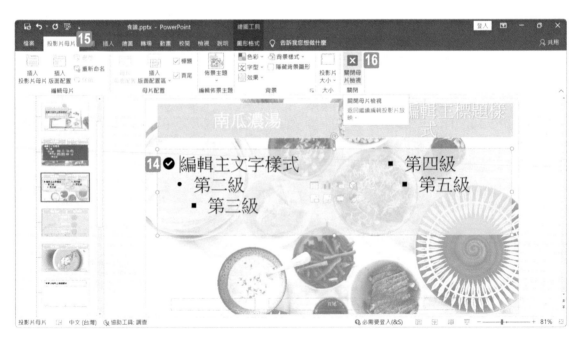

STEP**14** 插入後完成效果如上。

STEP**15** 點按〔投影片母片〕索引標籤。

STEP**16** 點按〔關閉〕群組裡的〔關閉母片檢視〕命令按鈕。

將投影片放映設定為需要檢視者〔手動〕切換投影片。

評量領域：管理簡報
評量目標：設定投影片放映
評量技能：投影片換頁

解題步驟

STEP **01** 點按〔投影片放映〕索引標籤。

STEP **02** 點按〔設定〕群組裡的〔設定投影片放映〕命令按鈕。

STEP **03**

開啟〔設定放映方式〕對話方塊，點選〔投影片換頁〕選項底下的〔手動〕。

STEP **04**

點按〔確定〕按鈕。

| 1 | 2 | 3 | 4 | 5 | 6 |

從簡報中移除〔隱藏的屬性和個人資訊〕。請不要移除任何其他的內容。

評量領域：管理簡報

評量目標：文件檢查

評量技能：文件摘要資訊與個人資訊

解題步驟

STEP01　點按〔檔案〕索引標籤。

STEP02　進入後台管理頁面，點按〔資訊〕選項。

STEP03　點按〔查看是否問題〕按鈕。

STEP04　從展開的功能選單中點選〔檢查文件〕選項。

STEP05　顯示檢查文件的存檔提示，點按〔是〕按鈕。

STEP06　開啟〔文件檢查〕對話方塊，點按〔檢查〕按鈕。

STEP07　點按〔文件摘要資訊與私人資訊〕選項右側的〔全部移除〕按鈕。

STEP08　完成〔文件檢查〕的對話操作，點按〔關閉〕按鈕。

| 1 | 2 | 3 | 4 | 5 | 6 |

在〔第 4 張〕投影片上，將〔位移：右下方〕外陰影效果套用到兩個箭頭。
將陰影的距離設為〔2pt〕。

評量領域：插入和格式化文字、圖案及影像

評量目標：繪圖工具

評量技能：陰影效果

解題步驟

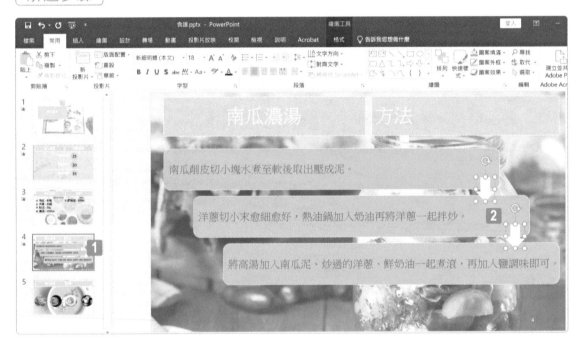

STEP **01** 點選〔第 4 張〕投影片。

STEP **02** 點選右方其中一個箭頭圖案，按住鍵盤 Shift 按鍵不放，再點選右方另一個箭頭圖案。

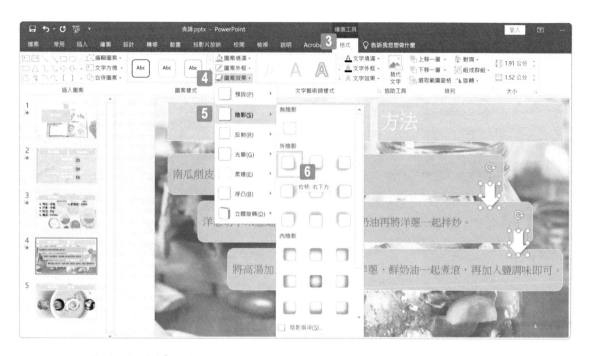

STEP 03　視窗上方功能區裡立即顯示〔繪圖工具〕，點按其下方的〔格式〕索引標籤。

STEP 04　點按〔圖案樣式〕群組裡的〔圖案效果〕右側的下拉式選單

STEP 05　從展開的下拉式功能選單中點選〔陰影〕功能選項。

STEP 06　在〔外陰影〕類別中，點選〔位移：右下方〕選項。

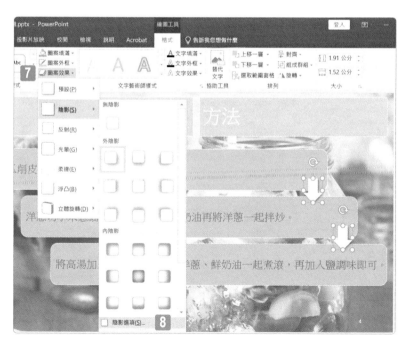

STEP 07

點按〔圖案樣式〕群組裡的〔圖案效果〕右側的下拉式選單

STEP 08

從展開的下拉式功能選單中點選〔陰影〕的〔陰影選項〕功能。

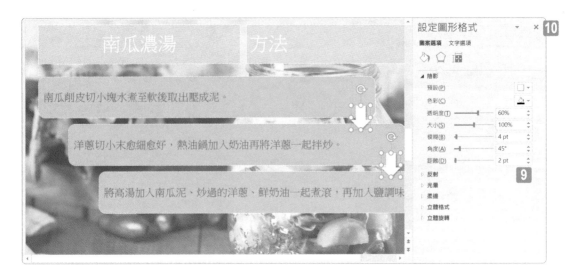

STEP **09** 視窗右側會開啟〔設定圖形格式〕工作窗格，在〔陰影〕類別中將〔距離〕設定為「**2pt**」。

STEP **10** 關閉視窗。

在〔第 5 張〕投影片上，將四個影像組成群組。

評量領域：插入和格式化文字、圖案及影像
評量目標：繪圖工具
評量技能：組成群組

解題步驟

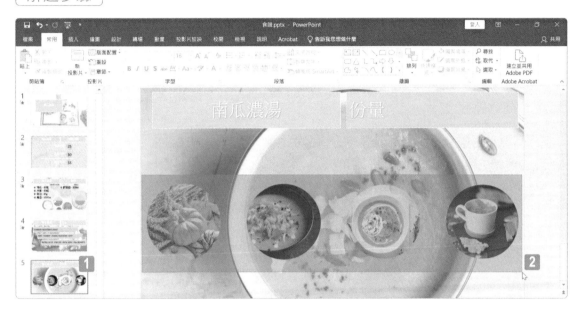

STEP**01** 點選〔第 5 張〕投影片。

STEP**02** 在投影片外使用按住滑鼠左鍵拖曳出一個矩形的方式，框選住四個影像。

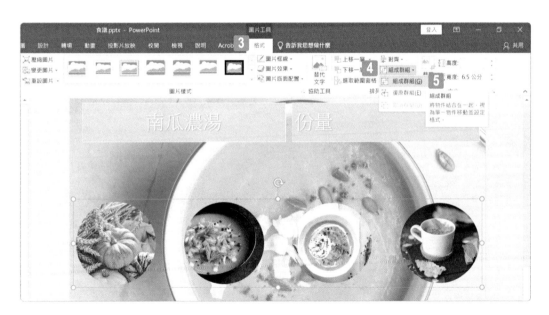

STEP**03** 視窗上方功能區裡立即顯示〔圖片工具〕，點按其下方的〔格式〕索引標籤。

STEP**04** 點按〔排列〕群組裡的〔組成群組〕命令按鈕。

STEP**05** 從展開的樣式選單中點選〔組成群組〕選項。

在〔第 1 張〕投影片上，將音訊剪輯設為在使用者按一下音訊圖示時，淡入「2.5 秒」。

變更設定，讓音訊剪輯可以在〔多張投影片之間繼續播放〕，並〔循環播放，直到停止〕。

評量領域：插入表格、圖表、SmartArt、3D 模型和媒體

評量目標：音訊工具

評量技能：音訊設定

解題步驟

STEP 01 點選〔第 1 張〕投影片，點選〔音訊〕圖示。

STEP 02 視窗上方功能區裡立即顯示〔音訊工具〕，點按其下方的〔播放〕索引標籤。

STEP 03 點按〔編輯〕群組裡的〔淡入〕設定為「02.50」。

STEP 04 點按〔音訊選項〕群組，勾選〔跨投影片播放〕。

STEP 05 點按〔音訊選項〕群組，勾選〔循環播放，直到停止〕。

模擬試題 III

此小節設計了一組包含 **PowerPoint** 各項必備基礎技能的評量實作題目，可以協助讀者順利挑戰各種與 **PowerPoint** 相關的基本認證考試，共計有 **6** 個專案，每個專案包含 **5 ～ 6** 項任務。

專案 **1**

健身訓練

您是一個健身公司的經理人，正在為 VegLifestyle 有限公司的潛在客戶修改健身訓練的簡報，透過繪製圖表及修改圖片，套用 3D 物件，讓客戶能更清楚健身訓練的相關規劃。

| 1 | 2 | 3 | 4 | 5 |

請插入投影片頁尾，顯示投影片的編號和文字「概念」。將頁尾套用至標題投影片之外的所有投影片。

評量領域：管理投影片
評量目標：頁首及頁尾
評量技能：投影片編號及頁尾

解題步驟

STEP**01** 開啟簡報檔案。

STEP**02** 點按〔插入〕索引標籤。

STEP**03** 點按〔文字〕群組裡的〔頁首及頁尾〕命令按鈕。

^{STEP}**04** 開啟〔頁首及頁尾〕對話方塊，勾選〔投影片編號〕。

^{STEP}**05** 勾選〔頁尾〕輸入文字「概念」。

^{STEP}**06** 勾選〔標題投影片中不顯示〕，並按下〔全部套用〕按鈕。

| 1 | 2 | 3 | 4 | 5 |

在〔第 1 張〕投影片上，裁剪跑步者的影像，使影像的左邊與投影片的左邊緣對齊。

請不要變更影像比例。

評量領域：插入和格式化文字、圖案及影像
評量目標：圖片工具
評量技能：裁剪圖片

解題步驟

STEP **01**　點選〔第 1 張〕投影片，點選左邊〔跑步者〕的影像。

STEP **02**　視窗上方功能區裡立即顯示〔圖片工具〕，點按其下方的〔格式〕索引標籤。

STEP **03**　點按〔大小〕群組裡的〔裁剪〕命令按鈕的上半部按鈕。

STEP **04**　拖曳圖片左方中間的控點，使影像的左邊與投影片的左邊緣對齊。

在〔第 5 張〕投影片上，於內容版面配置區內建立〔含有資料標記的折線圖〕來顯示表格的內容。

您可以複製並貼上，或是在圖表的工作表上手動輸入表格資料。

評量領域：插入表格、圖表、SmartArt、3D 模型和媒體
評量目標：圖表工具
評量技能：插入圖表

解題步驟

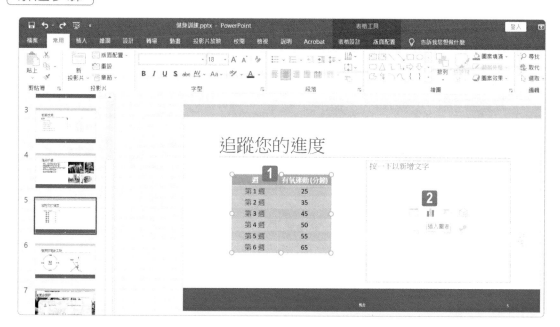

STEP **01** 點選〔第 5 張〕投影片，選取整張表格，並複製表格內容。

STEP **02** 點選〔右側版面配置區〕的，〔插入圖表〕命令按鈕。

STEP **03** 開啟〔插入圖表〕對話方塊，點選〔折線圖〕的〔含有資料標記的折線圖〕選項，並按下〔確定〕按鈕。

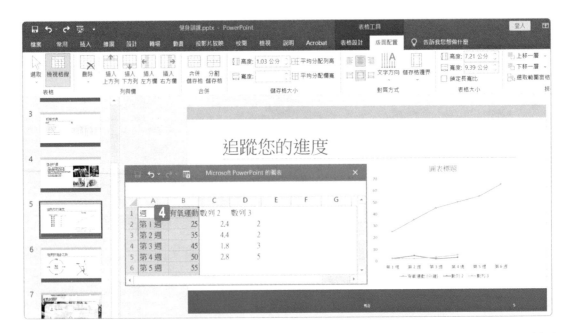

STEP **04** 開啟〔Microsoft PowerPoint 的圖表〕對話方塊，點選〔A1〕儲存格，貼上資料。

> 註：貼上表格資料時，無論是純文字貼上，或帶有原本表格的格式貼上，均可以得分。

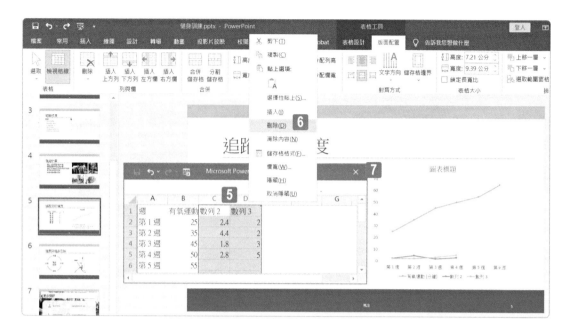

STEP**05** 點選整個 C 欄位及 D 欄位,並按下滑鼠右鍵。

STEP**06** 從展開的下拉式功能選單中點選〔刪除〕功能選項。

STEP**07** 關閉視窗。

STEP**08** 完成結果如下圖。

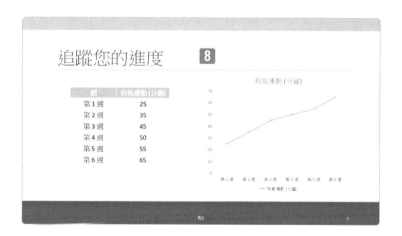

在〔第 6 張〕投影片上，將 3D 模型的檢視變更為〔背面左上方〕。然後，將模型大小重新調整成「11.3」公分的高度。

評量領域：插入表格、圖表、SmartArt、3D 模型和媒體
評量目標：3D 模型工具
評量技能：設定檢視及大小

解題步驟

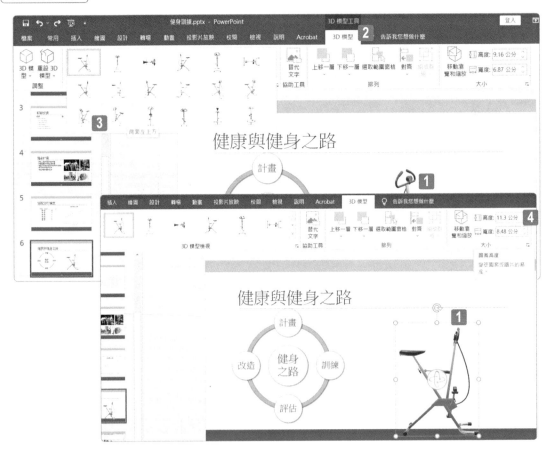

STEP 01　點選〔第 6 張〕投影片，點選 3D 模型。

STEP 02　視窗上方功能區裡立即顯示〔3D 模型工具〕，點按其下方的〔格式〕索引標籤。

STEP 03　點按〔3D 模型檢視〕群組裡的〔背面左上方〕選項。

STEP 04　點按〔大小〕群組裡的〔高度〕設定為「11.3」公分。

將效果選項為〔自上〕的〔軌道〕投影片轉場效果套用到所有投影片。

評量領域：套用轉場和動畫
評量目標：轉場
評量技能：設定切換到此投影片

解題步驟

STEP **01** 點選視窗左側的縮圖區中任何一張投影片，按住鍵盤 **Ctrl** 按鍵不放，再按一下 **A** 按鍵，以達到全選所有投影片的效果。

STEP **02** 點按〔轉場〕索引標籤。

STEP **03** 點按〔切換到此投影片〕群組裡的〔其他〕命令按鈕。

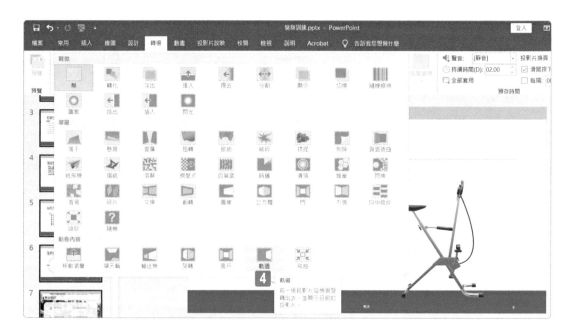

STEP **04** 從展開的選單中點選〔動態內容〕類別的〔軌道〕選項。

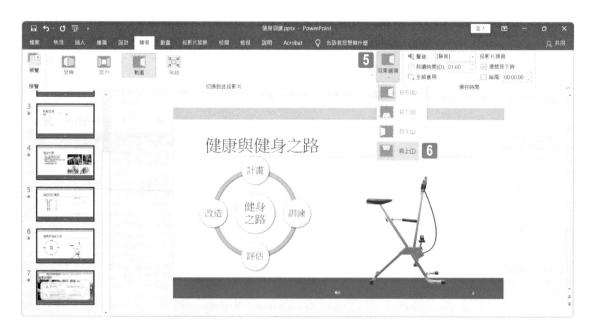

STEP **05** 點按〔切換到此投影片〕群組裡〔效果選項〕的下拉式選單。

STEP **06** 從展開的選單中點選〔自上〕選項。

專案 2 技術專家

您是一間顧問公司的專業顧問，正在為 First Time 顧問公司的潛在客戶製作簡報，利用摘要縮放投影片及超連結呈現互動效果，並調整投影片的背景，製作 SmartArt 圖，並設定講義，完成一份專業的簡報。

請在〔備忘稿〕上，將左側的頁首變更為顯示「First Time 顧問」，並將左側的頁尾變更為顯示「www.firsttime.com」。

評量領域：管理簡報
評量目標：備忘稿
評量技能：設定頁首及頁尾

解題步驟

STEP**01** 開啟簡報檔案。

STEP**02** 點按〔檢視〕索引標籤。

STEP**03** 點按〔母片檢視〕群組裡的〔備忘稿母片〕命令按鈕。

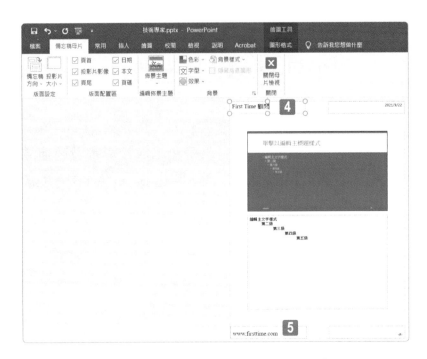

STEP**04** 點按〔左側的頁首〕，輸入文字「First Time 顧問」。

STEP**05** 點按〔左側的頁尾〕，輸入文字「www.firsttime.com」。

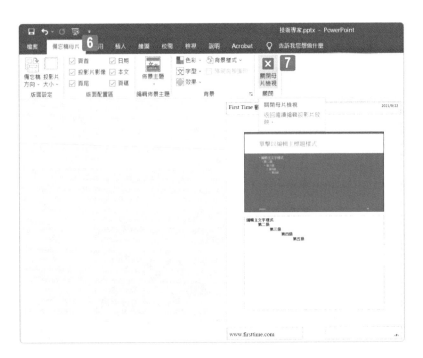

STEP**06** 點按〔備忘稿母片〕索引標籤。

STEP**07** 點按〔關閉〕群組裡的〔關閉母片檢視〕命令按鈕。

1 ── 2 ── 3 ── 4 ── 5 ── 6

在〔First Time 顧問〕投影片之後，插入摘要縮放投影片，只連結至〔任務〕、〔達標〕、〔權威〕和〔服務〕投影片。

請不要包含前往〔First Time 顧問〕投影片的連結。

評量領域：插入和格式化文字、圖案及影像
評量目標：超連結互動效果
評量技能：摘要縮放

解題步驟

STEP**01** 點選〔第 1 張〕投影片。

STEP**02** 點按〔插入〕索引標籤。

STEP**03** 點按〔連結〕群組裡的〔縮放〕下拉式選單。

STEP**04** 從展開的下拉式功能選單中點選〔摘要縮放〕功能選項。

STEP**05** 開啟〔插入摘要縮放〕對話方塊,取消勾選〔1. First Time 顧問〕投影片。

STEP**06** 勾選〔2. 任務〕投影片。

STEP**07** 勾選〔3. 達標〕投影片。

STEP**08** 勾選〔4. 權威〕投影片。

STEP**09** 勾選〔5. 服務〕投影片,並按下〔插入〕按鈕。

STEP**10** 完成結果如下圖。

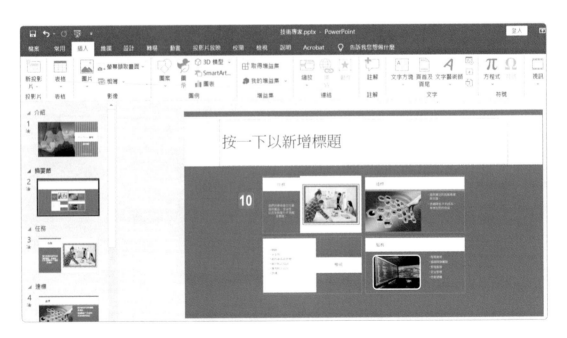

1 2 3 4 5 6

只在〔顧問團隊〕投影片上,將投影片的背景設為〔圖片〕資料夾中的〔合作〕影像。將背景影像的透明度設為「75%」。

評量領域:管理投影片

評量目標:設定背景

評量技能:背景圖片

解題步驟

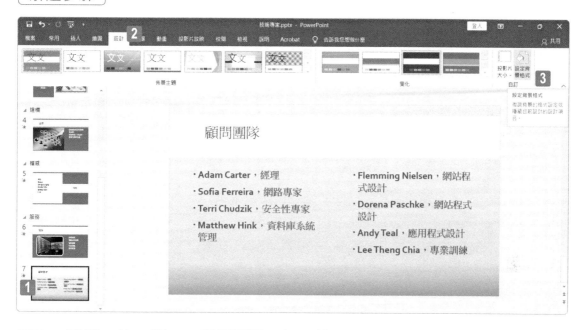

STEP 01 點選〔第 7 張〕〔顧問團隊〕投影片。

STEP 02 點按〔設計〕索引標籤。

STEP 03 點按〔自訂〕群組裡的〔設定背景格式〕命令按鈕。

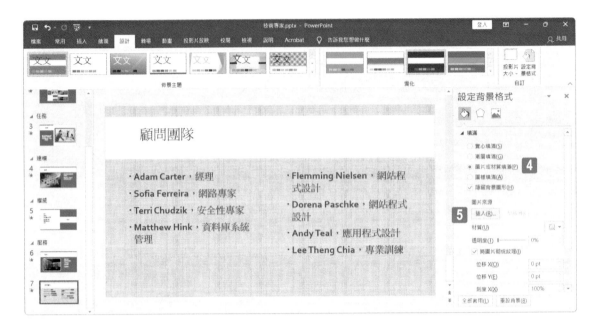

STEP **04** 視窗右側會開啟〔設定背景格式〕工作窗格，在〔填滿〕類別中點選〔圖片或材質填滿〕。

STEP **05** 點選〔圖片來源〕選項底下的〔插入〕按鈕。

STEP **06** 開啟〔插入圖片〕對話方塊，點選〔從檔案〕。

STEP **07** 點選〔合作〕圖片檔。

STEP **08** 點按〔插入〕按鈕。

STEP **09** 點選〔圖片來源〕選項底下的〔透明度〕，並設定為「75%」。

STEP **10** 關閉視窗。

在〔First Time 顧問〕投影片上，將〔www.firstutimetants.com〕文字轉換成超連結。將顯示文字變更為「立刻諮詢」。

評量領域：插入和格式化文字、圖案及影像

評量目標：超連結互動效果

評量技能：超連結

解題步驟

STEP 01 點選〔第 1 張〕〔First Time 顧問〕投影片，選取文字〔www. firstutimetants.com〕。

STEP 02 點按〔插入〕索引標籤。

STEP 03 點按〔連結〕群組裡的〔連結〕命令按鈕。

STEP 04 開啟〔插入超連結〕對話方塊，點選〔網址〕輸入文字「www. firstutimetants.com」。

STEP 05 點選〔要顯示的文字〕輸入文字「立刻諮詢」。

STEP 06 按下〔確定〕按鈕。

在〔權威〕投影片上,將項目符號清單轉換成〔區塊循環圖〕SmartArt
圖形。

評量領域:插入表格、圖表、SmartArt、3D 模型和媒體
評量目標:SmartArt 工具
評量技能:文字轉換成 SmartArt

解題步驟

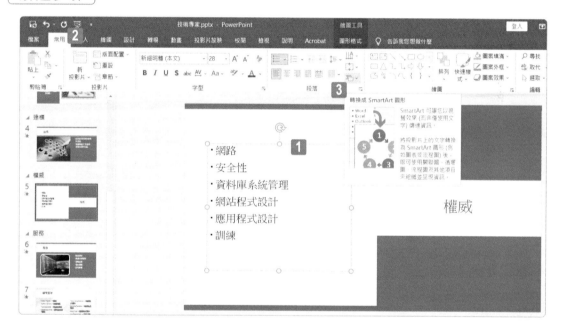

STEP**01** 點選〔第 5 張〕〔權威〕投影片,點選〔項目符號清單〕的文字方塊。

STEP**02** 點按〔常用〕索引標籤。

STEP**03** 點按〔段落〕群組裡的〔轉換成 SmartArt〕命令按鈕。

STEP **04** 從展開的下拉式功能選單中點選〔其他 SmartArt 圖形〕功能選項。

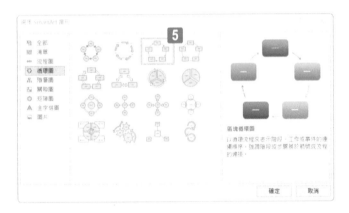

STEP **05**

開啟〔選擇 SmartArt 圖形〕對話方塊，點選〔循環圖〕的〔區塊循環圖〕選項，並按下〔確定〕按鈕。

STEP **06**

完成結果如下圖。

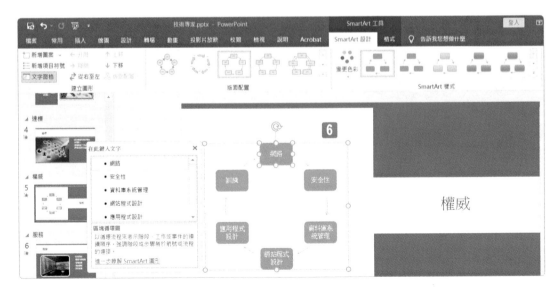

針對所有投影片,將轉場的效果選項設為〔加號〕。

評量領域:套用轉場和動畫
評量目標:轉場
評量技能:效果選項

解題步驟

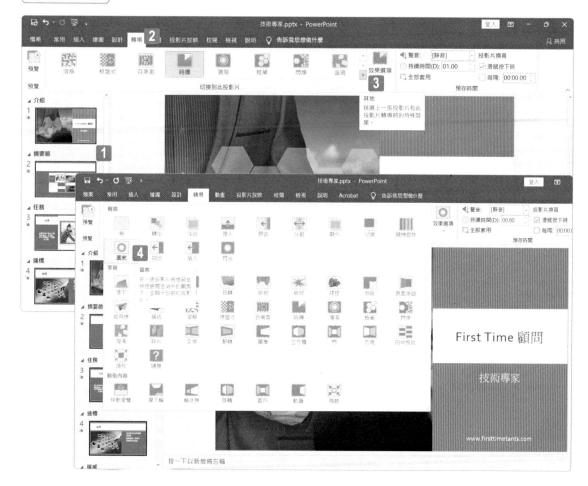

STEP **01** 點選視窗左側的縮圖區中任何一張投影片,按住鍵盤 **Ctrl** 按鍵不放,再按一下 **A** 按鍵,以達到全選所有投影片的效果。

STEP **02** 點按〔轉場〕索引標籤。

STEP **03** 點按〔切換到此投影片〕群組裡的〔其他〕命令按鈕。

STEP **04** 從展開的選單中點選〔輕微〕類別的〔圖案〕選項。

STEP **05** 點按〔切換到此投影片〕群組裡的〔效果選項〕的下拉式選單。

STEP **06** 從展開的選單中點選〔加號〕選項。

> 註：有的軟體會因為更新而顯示 [十字型擴展]，和 [加號] 相同。

專案 **3**　學生社團

您是學生會的成員，想做一份包含章節、社團圖片、SmartArt 清單的簡報，並藉由 3D 圖案及轉場動畫增添趣味性，來告訴 Acousto 大學的學生有關新學生社團的資訊。

建立名為「國際化社團」的章節，其中只包含第 3 張到第 7 張投影片。

評量領域：管理投影片

評量目標：章節功能

評量技能：新增與重新命名章節

解題步驟

STEP**01**　開啟簡報檔案。

STEP**02**　點選〔第 3 張〕投影片。

STEP**03**　點按〔常用〕索引標籤。

STEP**04**　點按〔投影片〕群組裡的〔章節〕的下拉式選單。

STEP05　從展開的下拉式功能選單中點選〔新增節〕功能選項。

STEP06　開啟〔重新命名章節〕對話方塊，輸入文字「國際化社團」。

STEP07　點按〔重新命名〕按鈕。

| 1 | 2 | 3 | 4 | 5 | 6 |

在〔第 6 張〕投影片上，為右下方的影像新增替代文字描述內容為「排球選手」。

評量領域：插入和格式化文字、圖案及影像

評量目標：圖片工具

評量技能：新增替代文字

解題步驟

STEP **01** 點選〔第 6 張〕投影片。

STEP **02** 點選〔右下方〕的影像。

STEP **03** 視窗上方功能區裡立即顯示〔圖片工具〕，點按其下方的〔格式〕索引標籤。

STEP **04** 點按〔協助工具〕群組裡的〔替代文字〕命令按鈕。

STEP **05** 視窗右側會開啟〔替代文字〕工作窗格，在空白欄位中輸入文字「排球選手」。

STEP **06** 關閉視窗。

在〔第 2 張〕投影片上，於內容版面配置區中，插入〔金字塔清單〕
SmartArt 圖形，其中由上到下依序包含「知識」、「樂趣」和「互動」等
文字。

評量領域：插入表格、圖表、SmartArt、3D 模型和媒體
評量目標：SmartArt 工具
評量技能：插入 SmartArt 圖形

解題步驟

STEP **01** 點選〔第 2 張〕投影片。

STEP **02** 點選〔內容版面配置區〕的，〔插入 SmartArt 圖形〕。

STEP**03** 開啟〔選擇 SmartArt 圖形〕對話方塊,點選〔金字塔圖〕的〔金字塔清單〕選項,並按下〔確定〕按鈕。

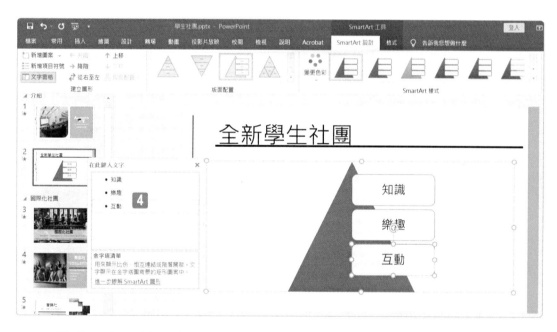

STEP**04** 開啟〔在此鍵入文字〕對話方塊,依序輸入文字「知識」、「樂趣」和「互動」。

在〔第 5 張〕投影片上，使用 3D 模型功能，插入 3D 模型並搜尋名稱為「musical」，選擇〔第 4 個〕搜尋結果圖。將模型大小重新調整成「4.82 公分」的高度與「6.17 公分」的寬度。將模型放在左側的空白矩形中。模型的確切位置不重要。

評量領域：插入表格、圖表、SmartArt、3D 模型和媒體

評量目標：3D 模型工具

評量技能：插入 3D 模型工具

解題步驟

STEP01 點選〔第 5 張〕投影片。

STEP02 點按〔插入〕索引標籤。

STEP03 點按〔圖例〕群組裡的〔3D 模型〕命令按鈕。

STEP04 開啟對話方塊,輸入文字「musical」並按下鍵盤〔Enter〕鍵。

STEP05 點選〔第 4 個〕投影片搜尋結果圖,按下〔插入〕按鈕。

STEP06 視窗上方功能區裡立即顯示〔3D 模型工具〕,點按其下方的〔格式〕索引標籤。

STEP07 點按〔大小〕群組,設定高度為「4.82」公分及寬度為「6.17」公分。

STEP08 拖曳圖案置於左側的空白矩形中。

補充說明:若考試時有指定資料夾中的物件,則選擇 [3D 模型] 右側下拉選項中的 [從檔案] 來選取物件。

| 1 | 2 | 3 | 4 | 5 | 6 |

在〔第 4 張〕投影片上，將項目符號清單的動畫效果方向設為〔自上〕，並將期間設為「1.5 秒」。

評量領域：套用轉場和動畫
評量目標：動畫應用
評量技能：動畫期間設定

解題步驟

STEP **01** 點選〔第 4 張〕投影片，點選〔項目符號清單〕的文字方塊。

STEP **02** 點按〔動畫〕索引標籤。

STEP **03** 點按〔動畫〕群組裡的〔效果選項〕的下拉式選單。

STEP 04 從展開的選單中點選〔自上〕選項。

STEP 05 點按〔預存時間〕群組裡的〔期間〕設定為「01.50」。

①——②——③——④——⑤——⑥

針對所有投影片，將轉場的持續時間設為「2 秒」。

評量領域：套用轉場和動畫

評量目標：轉場

評量技能：設定持續時間

解題步驟

STEP**01** 點選視窗左側的縮圖區中任何一張投影片，按住鍵盤 **Ctrl** 按鍵不放，
再按一下 **A** 按鍵，以達到全選所有投影片的效果。

STEP**02** 點按〔轉場〕索引標籤。

STEP**03** 點按〔預存時間〕群組裡的〔持續時間〕設定為「02.00」。

專案 4 自行車

您是 Courage Works 單車公司的行銷企劃，正在完成一份有節縮放的互動式簡報，在每張投影片加入報告日期及公司網站資料，並調整 3D 模型及其動畫，增加簡報的活潑度。

| 1 | 2 | 3 | 4 | 5 | 6 |

請在第 2 張投影片上插入〔頁尾〕，顯示日期及時間和「www.courage-works.com」。將頁尾套用至標題投影片之外的所有投影片。

評量領域：管理投影片
評量目標：頁首及頁尾
評量技能：日期及時間和頁尾

解題步驟

STEP **01** 開啟簡報檔案。

STEP **02** 點按〔插入〕索引標籤。

STEP **03** 點按〔文字〕群組裡的〔頁首及頁尾〕命令按鈕。

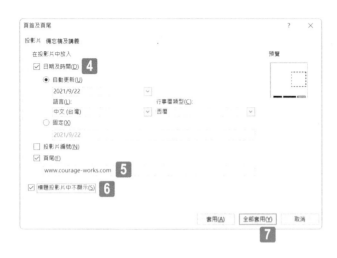

STEP**04**

開啟〔頁首及頁尾〕對話方塊，勾選〔日期及時間〕。

STEP**05**

勾選〔頁尾〕輸入文字「www.courage-works.com」。

STEP**06**

勾選〔標題投影片中不顯示〕，並按下〔全部套用〕按鈕。

在〔第 8 張〕投影片上，將項目符號清單格式化成以〔兩欄〕的方式顯示。

評量領域：管理投影片

評量目標：段落功能

評量技能：新增或移除欄

解題步驟

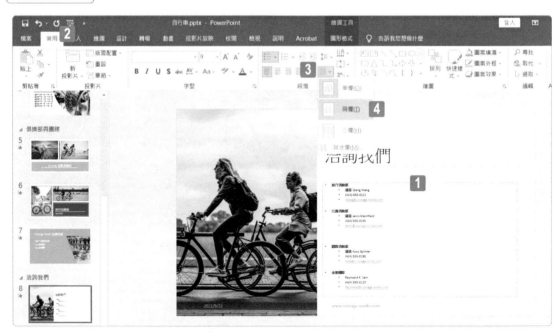

STEP**01** 點選〔第 8 張〕投影片，點選〔項目符號清單〕的文字方塊。

STEP**02** 點按〔常用〕索引標籤。

STEP**03** 點按〔段落〕群組裡的〔新增或移除欄〕命令按鈕。

STEP**04** 從展開的下拉式功能選單中點選〔兩欄〕功能選項。

STEP**05** 完成結果如下圖。

在第 2 張投影片上，插入〔節 2：商品與服務〕、〔節 3：俱樂部與團隊〕和〔節 4：洽詢我們〕的節縮放連結。重新調整這些章節縮圖的位置，使其位於藍色矩形內，並且不會互相重疊。

縮圖的確切順序和位置不重要。

評量領域：插入和格式化文字、圖案及影像

評量目標：超連結互動效果

評量技能：節縮放

解題步驟

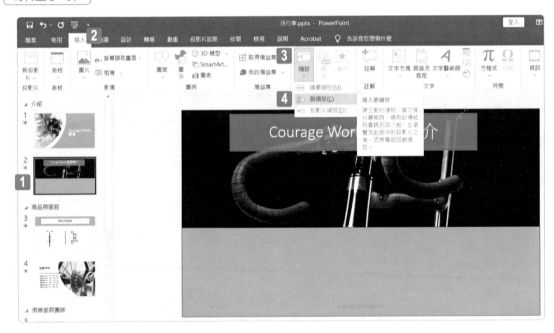

STEP **01** 點選〔第 2 張〕投影片。

STEP **02** 點按〔插入〕索引標籤。

STEP **03** 點按〔連結〕群組裡的〔縮放〕下拉式選單。

STEP **04** 從展開的下拉式功能選單中點選〔節縮放〕功能選項。

STEP **05** 開啟〔插入節縮放〕對話方塊,勾選〔節 2:商品與服務〕投影片。

STEP **06** 勾選〔節 3:俱樂部與團隊〕投影片。

STEP **07** 勾選〔節 4:洽詢我們〕投影片,按下〔插入〕按鈕。

STEP **08** 拖曳調整這些節縮圖的位置,使其位於藍色矩形內,並且不會互相重疊。

| 1 | 2 | 3 | 4 | 5 | 6 |

在〔第 3 張〕投影片上,將 3D 模型的檢視變更為〔前面左上方〕。

評量領域:插入表格、圖表、SmartArt、3D 模型和媒體

評量目標:3D 模型工具

評量技能:設定檢視及大小

解題步驟

STEP **01**　點選〔第 3 張〕投影片,點選 3D 模型。

STEP **02**　視窗上方功能區裡立即顯示〔3D 模型工具〕,點按其下方的〔格式〕索引標籤。

STEP **03**　點按〔3D 模型檢視〕群組裡的〔前面左上方〕選項。

```
1 ── 2 ── 3 ── 4 ── 5 ── 6
```

針對所有投影片，將轉場的效果選項設為〔自右下角〕。

評量領域：套用轉場和動畫

評量目標：轉場

評量技能：效果選項

〔解題步驟〕

STEP**01** 點選視窗左側的縮圖區中任何一張投影片，按住鍵盤 **Ctrl** 按鍵不放，
再按一下 **A** 按鍵，以達到全選所有投影片的效果。

STEP**02** 點按〔轉場〕索引標籤。

STEP**03** 點按〔切換到此投影片〕群組裡的〔效果選項〕的下拉式選單。

STEP**04** 從展開的選單中點選〔自右下角〕選項。

在〔第 3 張〕投影片上，將〔到達〕動畫效果套用到 3D 模型。

評量領域：套用轉場和動畫
評量目標：動畫應用
評量技能：新增 3D 動畫

解題步驟

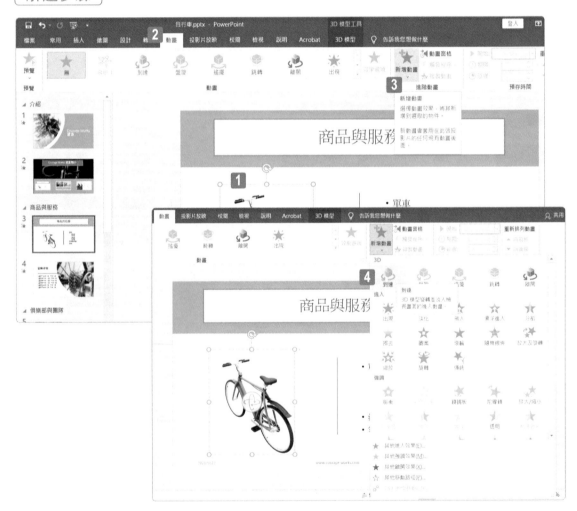

STEP **01** 點選〔第 3 張〕投影片，點選 3D 模型。

STEP **02** 點按〔動畫〕索引標籤。

STEP **03** 點按〔進階動畫〕群組裡的〔新增動畫〕下拉式選單。

STEP **04** 從展開的下拉式功能選單中點選〔3D〕類別中的〔到達〕動畫。

專案 **5** 螢幕使用時間

您正在準備 Shadow 研發公司的螢幕使用時間簡報,隱藏不需要的簡報,加入超連結、使用 SmartArt 圖形及圖表的清楚表達,來完成一份精彩的報告。

請隱藏〔第 6 張〕投影片。

評量領域:管理投影片

評量目標:編輯投影片

評量技能:隱藏投影片

解題步驟

STEP **01** 開啟簡報檔案。

STEP **02** 點選〔第 6 張〕投影片,並按下滑鼠右鍵。

STEP **03** 從展開的功能選單中點選〔隱藏投影片〕功能選項。

在〔第 1 張〕投影片上，針對文字〔Shadow 研究〕插入前往「http://www.shadow.net」的超連結。

評量領域：插入和格式化文字、圖案及影像

評量目標：超連結互動效果

評量技能：超連結

解題步驟

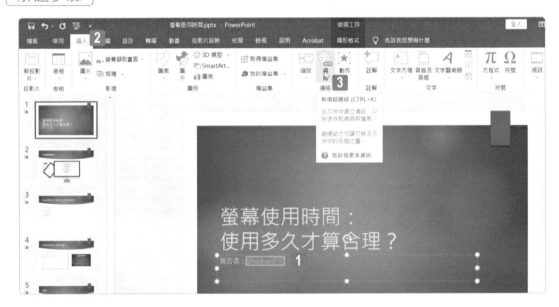

STEP01　點選〔第 1 張〕投影片，選取文字〔Shadow 研究〕。

STEP02　點按〔插入〕索引標籤。

STEP03　點按〔連結〕群組裡的〔連結〕命令按鈕。

STEP04

開啟〔插入超連結〕對話方塊，點選〔網址〕輸入文字「http://www.shadow.net」。

STEP05

按下〔確定〕按鈕。

在〔第 2 張〕投影片上，調整畫面影像的堆疊順序，讓〔智慧型手機〕位於前方、〔平板電腦〕位於中間，〔桌上型螢幕〕則位於後方。

評量領域：插入和格式化文字、圖案及影像

評量目標：圖片工具

評量技能：排列

解題步驟

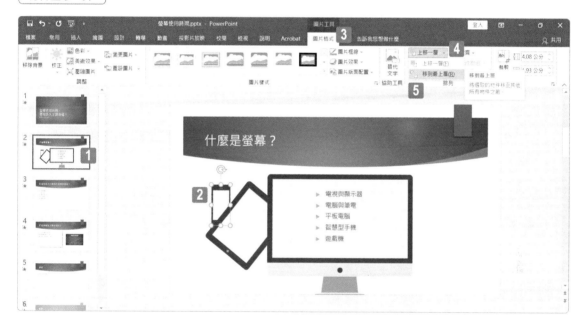

STEP**01**　點選〔第 2 張〕投影片。

STEP**02**　點按〔智慧型手機〕圖片。

STEP**03**　視窗上方功能區裡立即顯示〔圖片工具〕，點按其下方的〔格式〕索引標籤。

STEP**04**　點按〔排列〕群組裡的〔上移一層〕右側的下拉式選單。

STEP**05**　展開的下拉式功能選單中點選〔移到最上層〕功能選項。

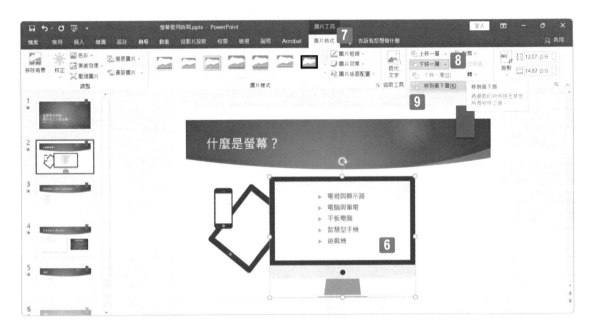

STEP**06** 點按〔桌上型螢幕〕圖片。

STEP**07** 視窗上方功能區裡立即顯示〔圖片工具〕，點按其下方的〔格式〕索引標籤。

STEP**08** 點按〔排列〕群組裡的〔下移一層〕右側的下拉式選單。

STEP**09** 展開的下拉式功能選單中點選〔移到最下層〕功能選項。

在〔第 4 張〕投影片上，將圖表類型變更為〔區域圖圖表〕圖表。

評量領域：插入表格、圖表、SmartArt、3D 模型和媒體
評量目標：圖表工具
評量技能：變更圖表

解題步驟

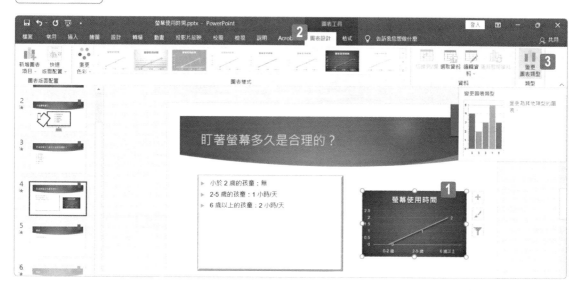

STEP 01　點選〔第 4 張〕投影片，點選圖表。

STEP 02　視窗上方功能區裡立即顯示〔圖表工具〕，點按其下方的〔設計〕索引標籤。

STEP 03　點按〔類型〕群組裡的〔變更圖表類型〕按鈕。

STEP 04　開啟〔變更圖表類型〕對話方塊，點選〔區域圖〕的〔區域圖〕選項，並按下〔確定〕按鈕。

STEP 05　完成結果如下圖。

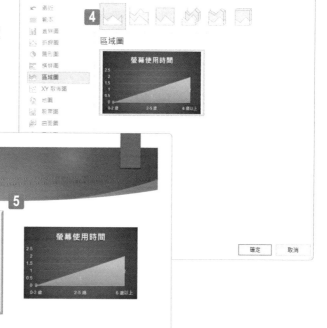

1 ── **2** ── **3** ── **4** ── **5** ── **6**

在〔第 3 張〕投影片上，將項目符號清單轉換成〔連續區塊流程圖〕
SmartArt 圖形。

評量領域：插入表格、圖表、SmartArt、3D 模型和媒體
評量目標：SmartArt 工具
評量技能：文字轉換成 SmartArt

解題步驟

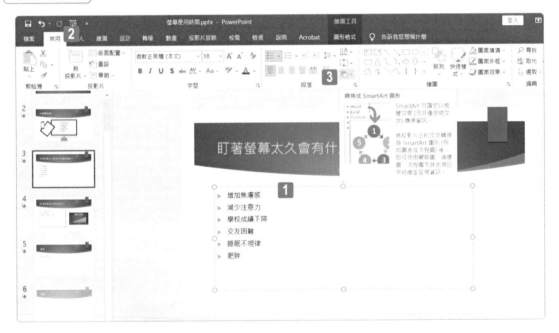

STEP **01** 點選〔第 3 張〕投影片，點選〔項目符號清單〕的文字方塊。

STEP **02** 點按〔常用〕索引標籤。

STEP **03** 點按〔段落〕群組裡的〔轉換成 SmartArt〕命令按鈕。

STEP**04** 從展開的下拉式功能選單中點選〔其他 SmartArt 圖形〕功能選項。

STEP**05** 開啟〔選擇 SmartArt 圖形〕對話方塊，點選〔流程圖〕的〔連續區塊流程圖〕選項，並按下〔確定〕按鈕。

STEP**06** 完成結果如下圖。

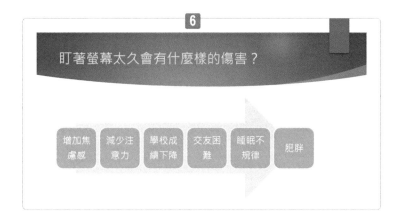

| 1 | 2 | 3 | 4 | 5 | 6 |

針對所有投影片，將轉場的持續時間設為〔1.5 秒〕。

評量領域：套用轉場和動畫

評量目標：轉場

評量技能：設定持續時間

解題步驟

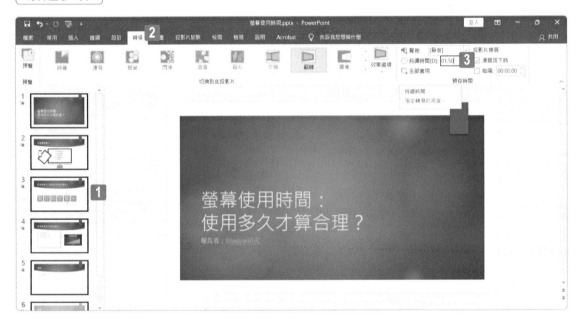

STEP **01** 點選視窗左側的縮圖區中任何一張投影片，按住鍵盤 **Ctrl** 按鍵不放，再按一下 **A** 按鍵，以達到全選所有投影片的效果。

STEP **02** 點按〔轉場〕索引標籤。

STEP **03** 點按〔預存時間〕群組裡的〔持續時間〕設定為「01.50」。

專案 **6**　旅遊

您是一位 Manda's 旅行社的行銷部經理,正在製作新的行銷提案,使用文字匯入投影片的方式,可以節省打字的時間,再調整表格及設定圖案大小,能在會議報告中,更清楚的表達內容。

請在檔案屬性中,請添增「旅行社專案」至〔標籤〕。

評量領域:管理簡報
評量目標:摘要資訊
評量技能:設定檔案屬性

解題步驟

STEP**01**　開啟簡報檔案。

STEP**02**　點按〔檔案〕索引標籤。

STEP**03**　進入後台管理頁面,點按〔資訊〕選項。

STEP**04**　在視窗右側〔摘要資訊〕相關欄位中,在〔標籤〕欄位,輸入文字「旅行社專案」。

在〔其他活動〕投影片之後，透過匯入〔文件〕資料夾中的〔專案〕文件為大綱來建立投影片。

評量領域：插入和格式化文字、圖案及影像
評量目標：插入文字檔
評量技能：大綱插入投影片

解題步驟

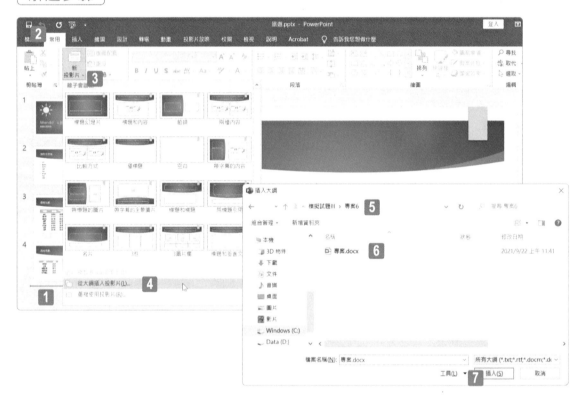

STEP 01　點選〔第 4 張〕〔其他活動〕投影片的下方。

STEP 02　點按〔常用〕索引標籤。

STEP 03　點按〔投影片〕群組裡的〔新投影片〕命令按鈕的下半部按鈕。

STEP 04　從展開的下拉式功能選單中點選〔從大綱插入投影片〕功能選項。

STEP 05　開啟〔插入大綱〕對話方塊，點選檔案路徑。

STEP 06　點選〔專案〕文字檔。

STEP 07　點按〔插入〕按鈕。

1 — 2 — 3 — 4 — 5

在〔旅行目的地〕投影片上,為影像新增替代文字描述內容為「宮殿」。

評量領域:插入和格式化文字、圖案及影像
評量目標:圖片工具
評量技能:新增替代文字

解題步驟

STEP 01 點選〔第 2 張〕〔旅行目的地〕投影片。

STEP 02 點選〔右側〕的影像。

STEP 03 視窗上方功能區裡立即顯示〔圖片工具〕,點按其下方的〔格式〕索引標籤。

STEP 04 點按〔協助工具〕群組裡的〔替代文字〕命令按鈕。

STEP**05** 視窗右側會開啟〔替代文字〕工作窗格,在空白欄位中輸入文字「宮殿」。

STEP**06** 關閉視窗。

在〔其他活動〕投影片的表格結尾插入一列。在該列上,於〔活動〕欄中輸入「水上活動」,並在〔價格〕欄中輸入「$230」元。

評量領域:插入表格、圖表、SmartArt、3D 模型和媒體

評量目標:表格工具

評量技能:插入列

解題步驟

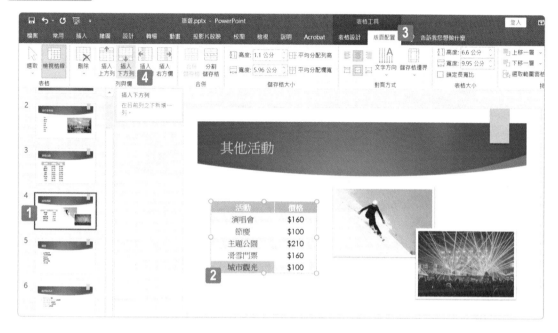

STEP **01** 點選〔第 4 張〕〔其他活動〕投影片。

STEP **02** 點選表格中,〔城市觀光〕的儲存格。

STEP **03** 視窗上方功能區裡立即顯示〔表格工具〕,點按其下方的〔版面配置〕
索引標籤。

STEP **04** 點按〔列與欄〕群組裡的〔插入下方列〕功能選項。

STEP **05** 於〔活動〕欄中的空白儲存格,輸入文字「水上活動」。

STEP **06** 於〔價格〕欄中的空白儲存格,輸入文字「$230」。

1 —— **2** —— **3** —— **4** —— **5**

在〔價格比較〕投影片上，於內容版面配置區內建立〔群組橫條圖〕，單
純顯示表格的內容。

您可以複製並貼上，也可以在圖表的工作表上手動輸入表格資料。

評量領域：插入表格、圖表、SmartArt、3D 模型和媒體

評量目標：圖表工具

評量技能：插入圖表

〔 解題步驟 〕

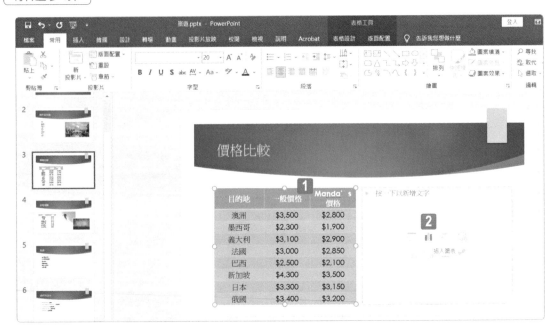

STEP**01**　點選〔第 3 張〕〔價格比較〕投影片，選取整張表格，並複製表格
內容。

STEP**02**　點選〔右側版面配置區〕的，〔插入圖表〕命令按鈕。

開啟〔插入圖表〕對話方塊,點選〔橫條圖〕的〔群組橫條圖〕選項,
並按下〔確定〕按鈕。

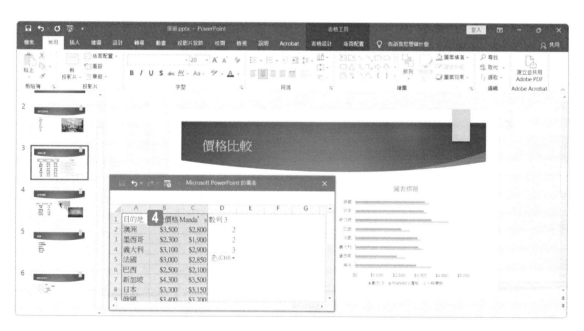

開啟〔Microsoft PowerPoint 的圖表〕對話方塊,點選〔A1〕儲存
格,貼上資料。

> 註:貼上表格資料時,無論是純文字貼上,或帶有原本表格的格式
> 貼上,均可以得分。

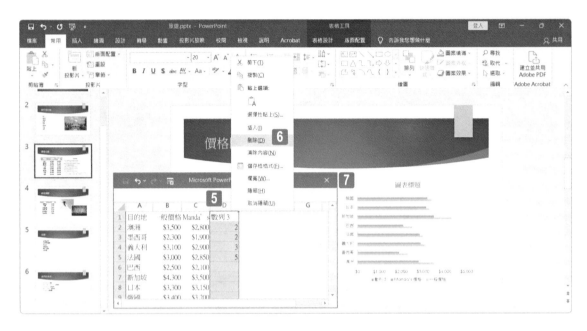

STEP **05** 點選整個 D 欄位，並按下滑鼠右鍵。

STEP **06** 從展開的下拉式功能選單中點選〔刪除〕功能選項。

STEP **07** 關閉視窗。

STEP **08** 完成結果如下圖。

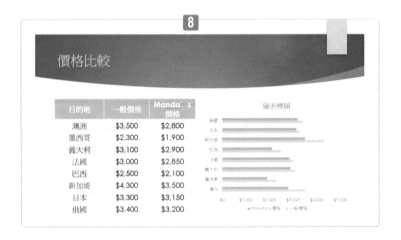